U0142397

動態網頁設計

Dynamic Website Design

劉妘鐟 著

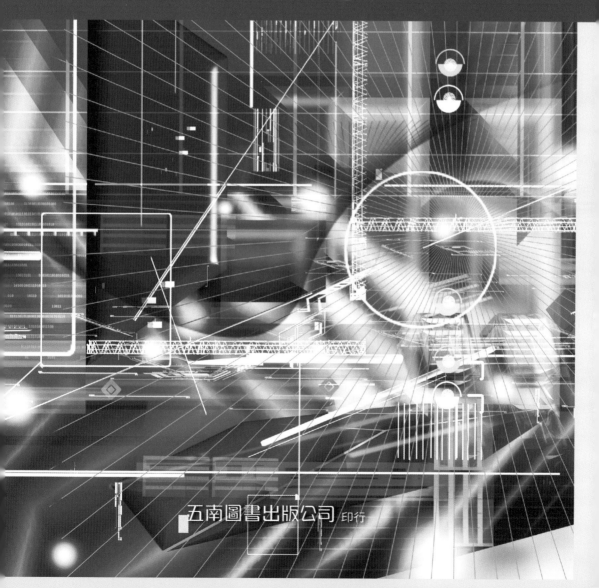

五南圖書出版公司 印行

序

　　記得某次爲工作上的問題尋遍書海始終找不到滿意的參考資料，直到看到東海大學企管系陳耀茂教授的書籍，從此成爲陳老師的書迷。他知道我一直想成爲作家的夢想，所以某天陳老師鼓勵我可以寫一本書，於是《動態網頁設計》的雛型就漸漸的形成中。

　　我從生活與工作中發現瀏覽網頁是一項重要的行爲，無論是查詢資料或網購都是。尤其近年來因爲疫情的影響，更感受到網頁讓人們能不必出門，也能利用最小的代價就可以輕易地處理與配置日常生活所需。網頁的應用跨越了地域與時間的限制，更是傳承資訊與知識的主要方式，眞是太有趣了。而網路與網頁的發展更帶領了全球科技與產業的變革，加上程式設計課程受到全球的重視，我就想基於電商的風行與產業的轉型，網頁設計或許是個不錯的主題。就在陳老師與五南圖書的協助下，這本書就誕生了。

　　本書主要以範例解說語法的方式呈現。每一個範例中皆包含觀念、語法與建構三個部分。利用的工具是可以免費使用的記事本與微軟的 Visual Studio Community 免費版本。內容從簡易的 MyGoogle 到商店的網頁，教你如何一步步利用與整合 HTML、CSS 與 JavaScript，最終打造出自己專屬的網頁應用。本書是以圖解的方式呈現，並輔以步驟式的解說，相信你在閱讀加上動手實作之後也會是製作網頁的高手。如果你有疑問也可以透過 Email 跟作者交流。

劉妘錞

hsin102206@gmail.com

目錄

範例 2：My Blog 內頁

第六章　│　會員註冊網頁

範例 1：login 首頁

範例 2：註冊網頁

第七章　│　報修與回饋單

範例 1：維修與回饋單首頁

第一章　先備編程環境與知識

　　在我們學習一項技能或是新知識時，如果內容是自己熟悉的項目或是領域，那麼上手的速度會快速許多，甚至能觸類旁通創造出屬於自己獨特的創見。所以在我們開始動手設計網頁之前，先來建立背景知識，讓讀者能學習得更順利。

　　第一章的內容包含：

- 1.1 至 1.4，從下載與安裝 Visual Studio 2022 到什麼是 DHTML，說明本書使用的工具與內容範圍。
- 1.5 網頁的架構與規則。讓讀者在理解網頁架構後能練習觀察不同網頁設計的特色與模式；理解規則後能練習分辨不同的架構，思考究竟可以利用哪些語法建構出這些效果。熟悉後自然就能朝進階的方向前進。
- 1.6 HTML 的發展歷程，透過一個網頁語言的發展歷程，說明程式語言的興替中總有一些特例能從衰落的過程中再度受到關注。或許我們也能從中探尋出科技變遷的趨勢。
- 1.7 HTML 就是 ASP 嗎？除了釐清部分疑問外，也說明 client 端網頁與 server 端網頁的差異處。

1.1 下載與安裝 Visual Studio 2022

　　本書會應用到兩項工具設計網頁：

(1) 記事本：是在安裝 Windows 作業系統時就隨之內建於電腦中的，一般並不需要額外再安裝。

(2) Visual Studio（VS）：VS 是微軟開發的主力產品之一，能讓你用來開發 C#、C++、C，以及 ASP 與網頁，連 Java 跟 Python 也行喔。而且，微軟有提供個人使用的免費版本。

事不宜遲，我們就來下載與安裝 VS 平臺吧。

下載與安裝步驟：

步驟 1：在 Google 瀏覽器上輸入下載 VS 軟體的關鍵字「download visual studio」，如圖 1.1 所示。然後，點選查詢結果中的第一個項目，如圖 1.1 所示。

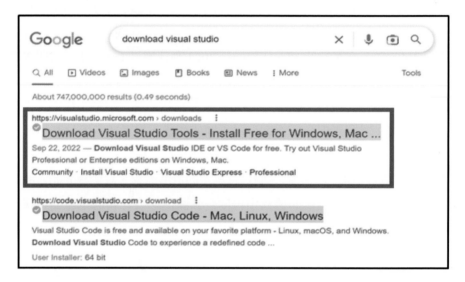

圖 1.1　輸入關鍵字

步驟 2：在「下載」網頁中，點選「社群」項目，如圖 1.2 所示。如果你是在不同的網頁中進行 VS 平台的下載，個人使用的免費社群項目會叫「community」。

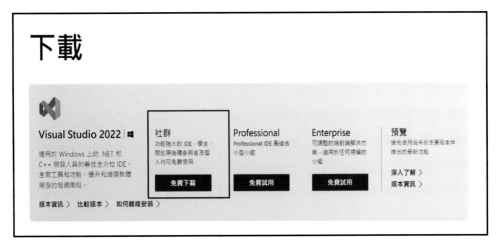

圖 1.2　點選「社群」項目

步驟 3： 下載完成後，會在瀏覽器下方顯示「Visual Studio 安裝檔」的圖示，如圖 1.3 所示。如果下載時間持續太久都沒有任何反應，或是下載動作沒有被啟動，在網頁上方有個超連結「按一下這裡以重試」。

圖 1.3　下載完成通知

步驟 4：你可以在檔案總管的快速存取視窗中，點擊「下載」圖示，檢視 VS 安裝檔是否已下載完成，如圖 1.4 所示。

圖 1.4 **VS 安裝檔儲存位置**

步驟 5：點擊 VS 安裝檔後，會顯示下載安裝檔後開始安裝的提示畫面，直接點擊右下方「繼續」按鈕即可，如圖 1.5 所示。

圖 1.5 **VS 開始安裝程式的說明畫面**

步驟 6：圖 1.6 是部署安裝程式的畫面。

Visual Studio Installer

正在準備 Visual Studio 安裝程式就緒。

正在下載: 13.6 MB 的 4.11 MB   693.05 KB/秒

正在安裝

取消(C)

圖 1.6　部署安裝程式

步驟 7：VS 是一款整合型平臺，所以你可以依需求勾選所需要的應用程式，如
圖 1.7 所示。選取完成後，點擊右下方的「安裝」按鈕。

圖 1.7　選取欲安裝的應用程式

步驟 8：圖 1.8 是安裝進度的畫面。

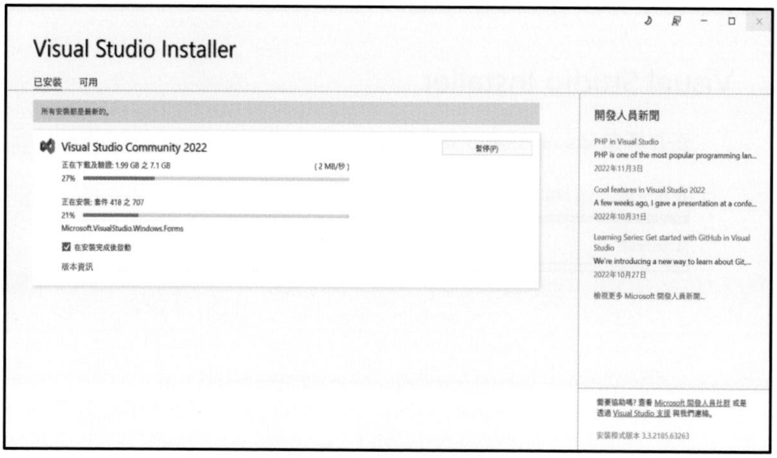

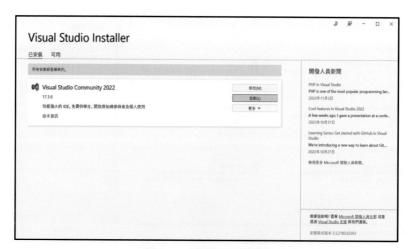

圖 1.8　**安裝程式進度**

步驟 9：安裝軟體成功後直接點擊「啓動」按鈕，如圖 1.9 所示。若在安裝過程中產生例外事件，就可以點擊「修改」按鈕，以切換至圖 1.7 畫面讓使用者能調整欲增減的應用程式與相關功能。

圖 1.9　**啓動** VS **平臺**

步驟 10： 看到圖 1.10「Visual Studio 2022」畫面，就表示啓動成功。基本上可以開始設計網頁了。在右方「開始使用」的項目中，點擊「建立新的專案」項目。

圖 1.10　**開始使用** VS

1.2 以 Hello World! 測試編程環境是否就緒

接續 1.1 安裝 VS 軟體成功後，就可以進行編程環境的測試以確認是否部署成功。

測試編程環境的步驟爲：

步驟 1： 在「建立新專案」畫面的右方選取「ASP.NET Web 應用程式（.NET Framework）」應用程式，並點擊「下一步」按鈕，如圖 1.11 所示。

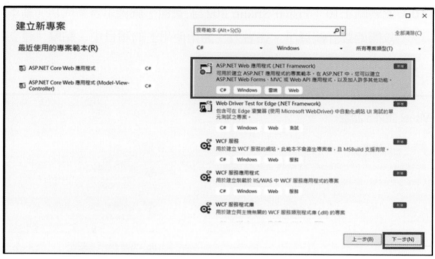

圖 1.11 點選「ASP.NET Web 應用程式（.NET Framework）」應用程式

步驟 2：在「設定新的專案」視窗中，設定「專案名稱」為 Hello World；「位置」
設定為 C 磁碟中的「練習」資料夾。然後，點擊「建立」按鈕，如圖 1.12
所示。

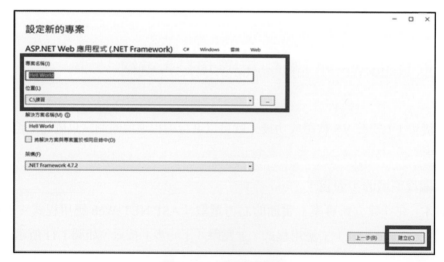

圖 1.12 設定新專案

步驟 3：在圖 1.13「建立新的 ASP.NET Web 應用程式」畫面中，選取「空白」
　　　　項目，然後，點擊「建立」按鈕。

圖 1.13　　建立 Web 應用程式

步驟 4：圖 1.14「其他資訊」畫面中直接使用預設值，不需要異動資料。

圖 1.14　　其他資訊畫面

步驟 5：圖 1.15 是 VS 平臺的標準編程介面，編號 1 是程式編輯區；編號 2 是方案總管視窗，它能展示與管理程式的檔案階層；編號 3 是屬性視窗。

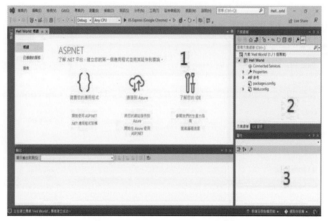

圖 1.15　Hello World **專案**

步驟 6：將滑鼠移至專案檔 Hello World 上，按下滑鼠右鍵，會帶出像圖 1.16 的項目清單，點擊「加入」項目下的「新增項目」。

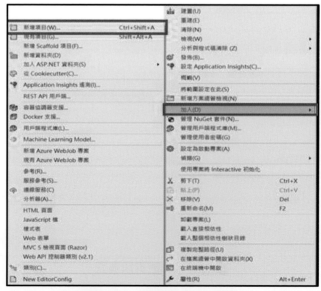

圖 1.16　**新增** HTML **網頁**

步驟 7：在「新增項目 -Hello World」對話框中，在左方「已安裝」方框中，點選「C#」項目下的「Web」，並在中間的清單框中點選「HTML 頁面」，然後在下方的「名稱」文字框中輸入「HelloWorldPage1.html」，再點擊「新增」按鈕。

圖 1.17　設定網頁名稱

步驟 8：在程式編輯區中，你會看到自動帶出的 HTML 網頁程式架構，在方案總管中，你會看到 Hello World 專案下多了 HelloWorldPage1.html 網頁檔，如圖 1.18 所示。

圖 1.18　網頁架構

步驟 9：在程式編輯中，在 \<title> \</title> 表頭標籤中輸入「測試編程環境」，在 \<p> \</p> 段落文字標籤中輸入「Hello world!」，如圖 1.19 所示。

```
<!DOCTYPE html>
<html>
<head>
    <meta charset="UTF-8">
<title>測試編程環境</title>
</head>

<body>
    <p>Hello world!</p>
</body>
</html>
```

```
HelloWorldPage1.html*  ⊹ ✕   Hell World: 概觀
 1        <!DOCTYPE html>
 2      ⊟<html>
 3      ⊟<head>
 4            <meta charset="utf-8" />
 5            <title>測試編程環境</title>
 6        </head>
 7      ⊟<body>
 8            <p>Hello world!</p>
 9        </body>
10        </html>
```

110% ▾   ⊘ 找不到任何問題   行:9 字元:8   SPC   CRLF

圖 1.19　輸入語法

步驟 10：語法輸入完成後，可以直接按鍵盤上的 F5 按鈕執行程式，或是點擊上方功能列上「綠色三角形」的執行圖示以執行程式，如圖 1.20 所示。

圖 1.20 執行圖示

步驟 11：圖 1.21 是 Hello World 網頁執行成功的結果。表示編程環境部署完成。

圖 1.21 Hello World

　　作者記得每次在學習一項新的程式語言時，無論是教科書或是參考資料中的第一個範例都會是 Hello World，這也算是學程式的過程中挺有趣的體驗。

1.3 為什麼 HTML 要搭配 CSS 及 JavaScript

　　HTML（HyperText Markup Language），中文譯為超文字標記語言，你可以用它來建立網頁架構和語義。像設計師可以利用它布局網頁內容，例如設計行事曆表格，並在週末或是國定假日頁面中嵌入圖片，但呈現出來的資訊是靜態的。不過靜態的資料已經很難滿足多數的使用者，所以為了網站的豐富性與功能性，設計師就會搭配 CSS 與 JavaScript。

那麼，CSS 跟 JavaScript 的功能又是什麼？跟 HTML 的關係又有什麼關聯性呢？

- CSS，是 Cascading Style Sheets 的字首組成，中文譯為樣式表，主要功能是告訴瀏覽器該如何展示網頁內容。設計師可以利用 CSS 將字型放大、或是設定為彩色，或是將網頁背景設為黃色，或是滑鼠移到特定標題時背景產生動態的變化等應用。

CSS 基本結構

```
selector {                  /*選擇器*/
    property1:value;   /*屬性: 設定值*/
    property2:value;
    ..
    propertyN:value;
}
```

CSS 規則實例

```
h2 {
    font-size: 20px;
    color: yellow;
    font-family: 'Times New Roman';
}
```

說明：將 <h2> 元件的文字設定為 20 像素大小、黃色、字型是 Times New Roman。

- JavaScript，是一種腳本語言。HTML 網頁是靜態的，但設計師卻可以利用 JavaScript 在靜態網頁中設計出動態的行為。例如作者曾經在瀏覽網頁時，觸發了有撒花效果的動態中獎網頁。或者，使用者在輸入帳號、密碼以登錄系統時，若資料不符合就跳出提示訊息，甚至播放聲音提示。這些行為都是可以利用 JavaScript 設計出來的應用。當你想運用 JavaScript 程式碼時，可以利用 <script></script> 元素來識別與定義，如下所示：

```
<script type="text/javascript" src="alert.js"></script>
```

所以，HTML 主要是應用於內容的描述；CSS 應用於樣式表的定義；JavaScript 則應用於互動式功能的實踐。

1.4 什麼是 DHTML？

提到動態 HTML（Dynamic HTML）時，你會想到什麼樣的效果？是網頁遊戲？是 Youtube？是 Netflix？吃角子老虎機？這些都是喔，還有什麼呢？ W3C（World Wide Web Consortium）曾經針對 DHTML 做過這樣的描述：

「動態 HTML 是部分供應商使用的用語。它用來描述 HTML、CSS 和 JavaScript 的組合應用，網頁具有動態效果。所以，DHTML 不是新的技術，也不是新的標準，而是既有技術 JavaScript、CSS 和 HTML 的整合應用。」

像 Microsoft 就在 1997 年發佈 IE 4（Internet Explorer 4）版本中引入 DHTML 的應用。它由下列四個元件組成：

(1) HTML 4.0

(2) CSS

(3) JavaScript

(4) DOM.

DOM（Document Object Model）文件檔物件模型，是 W3C 發佈用於處理標

記語言（XML/HTML）的標準程式介面。它將 HTML 檔案結構化，以樹狀結構表示的模型介面。該模型將 HTML 的架構節點分解，以 Document 為起點，延伸出許多的 HTML 標籤節點，並將文件檔案中的各個標籤都定義成物件，而這些物件最終會形成一個樹狀的結構。我們以 1.2 節的 Hello World 網頁語法為例，說明 DOM 模型，如圖 1.22 所示。

Hello World 網頁語法

```
<!DOCTYPE html>
<html>
<head>
    <meta charset="UTF-8">
    <title>測試編程環境</title>
</head>

<body>
    <p>Hello world!</p>
</body>
</html>
```

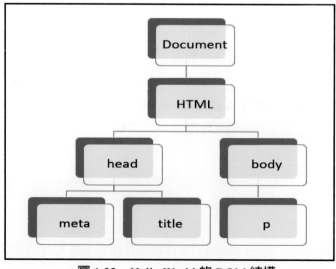

圖 1.22　Hello World 的 DOM 結構

　　DOM 模型可以用來描述所有元素之間的關係，且所有的異動都在 DOM 模型上進行，也因此使得許多程式語言能動態修改網頁，讓整體的運作效率也提升許多。

1.5 網頁的架構與規則

　　本節次分為兩個部分說明：1.5.1 網頁架構以及 1.5.2 網頁規則。

1.5.1 網頁架構

　　一個網頁主要切割成兩個部分，標題範圍（head）和網頁內容（body），如圖 1.23 所示。

　　一般而言，你還可以依需求將這兩個部分細分得更細緻，例如在 <body></body> 區塊中可以再切割出 Header，規劃給系統登錄／登出、語言切換等功能使用；或是 Banners，規劃給企業產品廣告，還可以加入圖檔與影片等檔案提供動態有趣的資訊；或是 Footer，規劃給聯絡方式或是版權宣告等內容。

1.5.2 網頁規則

　　本節次中的內容，作者想談談標籤（tag）與屬性（attribute）的應用。如果你能掌握這兩個部分，就能設計出多樣性網頁內容。

　　標籤的用法為：**< 標籤 屬性 > 敘述 </ 標籤 >**

例子 1： 這是第一頁
說明：
(1) <p></p>，是段落文字標籤。其中，角括號 <> 是一對的；有起始標籤 <p>，就有結束標籤 </p>。
(2) Align 是屬性，align="center" 是將「這是第一頁」這個句子設定為置中顯示。

```
<html>
    <head>
                    <title> 這是標題文字所在 </title>
    </head>

    <body>



                    <p> 這是段落所在 </p>




    </body>
</html>
```

圖 1.23　網頁結構

例子 **2**：<img src="2022.jpg" width="200" height="200" align="right">

說明：

(1) <img>，是連結圖片標籤。不過，<img> 屬於空標籤（empty tage），在 HTML 中是允許不必加上結束標籤的。

(2) src、width、height、align 是屬性。其中，src 是連結圖片的存放路徑；width、height 是設定圖片的大小；align 則是設定圖片顯示於網頁的右方。

從上述例子可以看出 HTML 標籤與屬性就像關鍵字般，都有其獨特的含義與功能。一般而言，屬性是用來設定元素的特徵，且只會設定於開始標籤中。這兩者就是 HTML 的基礎應用規則。

1.6 HTML 的發展歷程

HTML 的規則，最早是由英國的資訊科學家 Timothy John Berners-Lee 在 1991 年制定的。在這裡插播一下，你有沒有覺得 Tim Berners-Lee 這個名字頗熟悉？他就是全球資訊網（World Wide Web）的發現者。早期，為解決網際網路應用中的異質平臺與不同技術的相容性問題，Tim Berners-Lee 還促成了全球資訊網協會 W3C 的成立，為的是制定相關標準，以提供網路應用程式開發有一可以遵循的指標。標準的內容包括程式語言的規範，開發指引與相關的內容等。W3C 還制定了包括 XML 和 CSS 等相關的標準。

HTML 語法因為不夠嚴謹，因此，W3C 在 1998 年起就開始朝向 XHTML（The eXtensible Hypertext Markup Language）發展，期望能將網頁程式的規則訂定得更為嚴謹，同時，想藉由 XHTML 取代 HTML4，並在 2000 年 1 月發佈 XHTML 1.0 版。其最主要的特色是模組化以及可擴展性。然而卻因為其規範不符合多數開發人員的思維模式，再加上修正版本中並沒有提供令人期待的新功能，於是，HTML 的發展也因此面臨了式微的窘境。

就在 W3C 仍然致力於發展 XHTML 的同時，Firefox、Opera、Apple、Google 這四大知名的瀏覽器廠商，在 2004 年，組成了網頁超文字技術工作小組（Web Hypertext Application Technology Working Group, WHATWG），其成立的目的是爲了制定與推動 HTML5 標準。同年，W3C 決定放棄 XHTML，並與 WHATWG 合作，共同爲發展 HTML5 而努力。而在 2008 年，HTML5 的第一個版本正式發佈。隨即，就有 Firfox、YouTube、Arcade Fire、Twitter、以及 Amazon 等科技大廠，紛紛迎向 HTML5 技術，並提出相關的應用產品。

雖然，W3C 與 WHATWG 的合作過程發展，常引起不少媒體的猜測與懷疑。不過，HTML 搭配 CSS 和 JavaScript 已經行之有年，但是，網頁程式的應用隨著科技與技術的進展，在目的性與複雜度上都有著顯著的改變。HTML5 改版後的發展就會讓人引頸期待。關於 HTML 與網頁開發技術的發展簡史，可以參考圖 1.24。

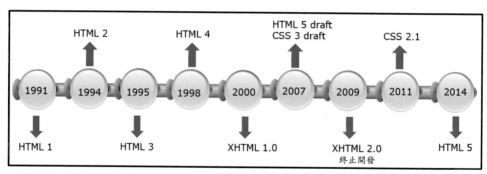

圖 1.24　**網頁開發技術發展的演進**

1.7 HTML 就是 ASP 嗎？

本書所介紹的 HTML、CSS 以及 JavaScript 的應用，通常是提供給使用者對網站的操作行爲介面，比如我們會在 google 瀏覽器上輸入關鍵字以查詢資料，或是在蝦皮網站上領取蝦幣、或是使用客服中心各種功能等，這類與使用者互動的應用與設計都被歸類爲前端設計，它會因公司的產品特性與使用者的需求來定義網頁的介面與功能。

　　有「前端設計」就有「後端設計」。以購物網站為例，當你在網站上進行網購時，因為比價方便就會想從不同賣家的商品中先將中意的商品加入購物車，以待後續的評估；結果又從瀏覽中覺得有些類似商品也不錯，於是一併加入購物車再做評估，而在這挑選的過程中買家都會不斷進行商品的增減與計算金額的動作。這時網頁指令會透過伺服器進行邏輯分析，再從資料庫中找出相對映的商品清單，伺服器再將清單傳送到前端呈現出來。這類負責系統運作的商業邏輯通常被歸類為後端設計（作者在此強調一下，上述的判斷與計算功能也是可以部署在前端的），而後端設計常見的網頁語言有 PHP、Java、ASP 以及 Python 等。

　　ASP.NET 亦是微軟的主力產品之一，最早隨著 .NET Framework 1.0 於 2002 年發佈。ASP.NET 亦是一款 Web 應用程式開發工具，前端介面的機制也可以利用 HTML、CSS、JavaScript 完成。

　　ASP 與 HTML 的差異，如表 1 所示。

表 1　ASP 與 HTML 的差異表

ASP	HTML
Active Server Page，主動式伺服器頁面	Hypertext Markup Language，超文字標記語言
伺服器端語言。表示語法會被傳遞到伺服器進行解析，再依據執行的結果傳送回前端	客戶端語言。表示語法是直接被傳送到瀏覽器，由瀏覽器直譯的網頁語言
可以使用任何腳本語言，以將語法和伺服器端指令嵌入 HTML 網頁中	允許瀏覽器解析標籤之間的內容，且不包含伺服器端的腳本語法
通常被應用於設計動態網頁	通常被應用於設計靜態網頁
區分大小寫	不區分大小寫
可以與資料庫建立連結	無法與資料庫建立連結
副檔名為 .aspx 或 .aspx.cs	副檔名為 .htm 或 .html

　　第一章的內容就在這裡結束了。讓我們一起動動手開始設計網頁吧！

第二章　用記事本設計我的第一個網頁

範例說明：

記事本（如圖 2.1 所示）也能用來設計網頁？設計網頁不是都用 ASP、Adobe Dreamweaver，或是 VSCode 嗎？是啊，不只記事本能設計網頁，Word 也可以喔。本書將記事本列為第一個網頁設計工具，主要有幾個目的：

(1) 網頁設計並不難；

(2) 只要安裝 Windows 作業系統都有內建的記事本，表示工具取得方便；

(3) 用記事本能讓初學網頁設計者更清楚網頁的架構；以及

(4) 能分辨選取工具的重要性。

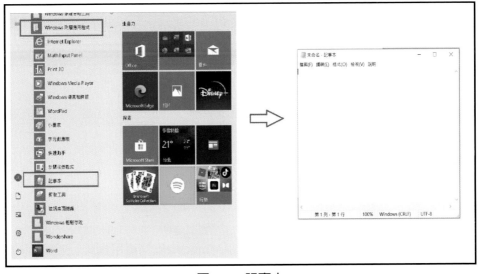

圖 2.1　記事本

當然從第 3 章開始都不會再使用記事本做為開發網頁的工具了，原因為何先賣個關子。在本章中你將學到：

(1) 如何用記事本設計網頁；

(2) 網頁的結構；以及

(3) 設計網頁的基本概念。

　　圖 2.2 展示的，就是本章中用記事本設計的第一個網頁範例。

圖 2.2　我的第一個網頁

2.1 建立資料表

　　編寫網頁有四個步驟：

步驟 1：開啓「記事本」

　　　　點擊左下方的「開始」圖示，在「Windows 附屬應用程式」下找出「記事本」，可參考圖 2.1。

步驟 2：輸入語法

　　　　在記事本輸入下列語法，如圖 2.3 所示。

```
<html>
<head>
    <title> 我的第一個網頁 </title>
</head>
<body>
    <p> 原來記事本也能設計網頁啊！ </p>
    <p> 我是本書作者 Li-Hsin </p>
    <p> 我的 email 是 <a href=mailto:Hsin102206@gmail.com>
        iris@gmail.com</a></p>
</body>
</html>
```

圖 2.3　在記事本中輸入語法

步驟 3：儲存成 .htm/.html 格式的檔案

語法輸入完成後，進行範例的儲存，如圖 2.4 所示，將檔案的副檔名設定為 .htm 或是 .html，以識別該檔案為網頁格式。

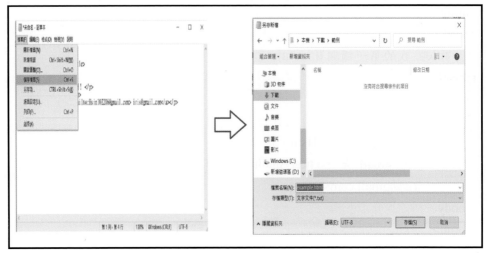

圖 2.4 儲存成 .htm/.html 格式檔案

步驟 4：呈現成果

在檔案儲存的目錄中，如圖 2.5 所示。直接點擊檔案即能展示成果，如圖 2.6 所示。

圖 2.5 範例檔案的資料夾

圖 2.6　我的第一個網頁

2.2 HTML 語法

本範例的語法說明如下所示：

```
<html> </html>    ：宣告網頁範圍
<head> </head>    ：網頁標題範圍
<title> </title>  ：網頁標題
<body> </body>    ：網頁內容範圍
<a > </a>  ：連結要使用的物件
<p> </p>  ：段落文字
```

2.3 補充語法

　　第二章的範例因為使用記事本而沒有自動偵錯與利用顏色區別變數、方法與重要關鍵字的功能，所以舉的例子較簡易。不過在補充語法的節次中，有幾項重點提示：

(1) HTML 有一定格式，利用標籤 "<" 與 ">" 構成元素。而網頁的結構與內容是由元素所定義的，瀏覽器才能藉由元素識別與解析語法。

(2) 有開始標籤就有結束標籤，是成對的。即 <> 與 </>。元素就是利用標籤識別內容，因此缺一方就不符合規則。當然少部分的標籤是不需要結束標籤的，像 <img>、<hr> 以及
 等。

(3) 若標籤缺少必要屬性、或放置的次序錯誤，也是常見的語法錯誤。有些較嚴重的語法錯誤是會導致網頁無法正確執行的。

(4) 若對標籤規則的應用清楚，對於企業或個人的 SEO（Search Engine Optimization）將有相當大的幫助。

2.4 完整語法

```
<html>
<head>
    <title> 我的第一個網頁 </title>
</head>


<body>
    <p> 原來記事本也能設計網頁啊！ </p>
    <p> 我是本書作者 Li-Hsin </p>
    <p> 我的 email 是 <a href=mailto:Hsin102206@gmail.com>
        iris@gmail.com</a></p>
</body>
</html>
```

第三章　MyGoogle 瀏覽器

範例說明：

　　MyGoogle 是本書第一個利用 Visual Studio 2022 建構的網頁範例，如圖 3.1 所示。那麼你安裝 Visual Studio 軟體了嗎？如果還不確定，可以先檢視一下左下角的「開始」清單中，是否有「Visual Studio 2022」項目？如果沒有請參閱第一章 1.1 節次，教你如何下載與安裝 Visual Studio 2022 軟體，如圖 3.2 所示。

圖 3.1　MyGoogle

圖 3.2　「開始」清單中的 Visual Studio 2022

我們應用的 VS 軟體是由微軟所提供，且可以合法免費使用的版本。當然你也可以直接透過記事本來實作這個範例，但是會比較辛苦。

在本章中你將會學到：

(1) 如何利用 Visual Studio 2022 設計網頁；

(2) 應用更豐富的 HTML 標籤，以創造更豐富的網頁內容；以及

(3) 分辨選用編程工具的重要性。

在確定要使用的工具，也安裝工具後。就讓我們開始吧。

開啟網頁編輯環境的步驟：

在電腦螢幕左下角的「開始」清單中，找出「Visual Studio 2022」項目，點擊它。如圖 3.2 所示。

步驟 1：在跳出的「開始使用」畫面中，點選「建立新的專案」項目，如圖 3.3 所示。

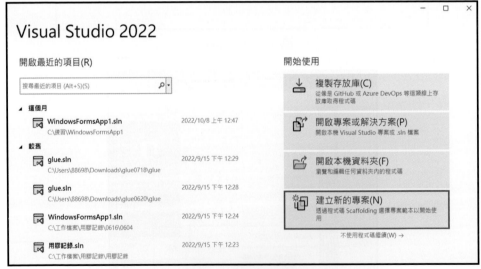

圖 3.3 建立新專案

步驟 2：在跳出的「建立新專案」畫面中，點選「ASP .NET Web 應用程式（.NET Framework），如圖 3.4 所示。

圖 3.4 **點選「ASP .NET Web 應用程式（.NET Framework）**

步驟 3： 在跳出的「設定新的專案」畫面中，在「專案名稱」項目下，輸入
「MyGoogle」；在「位置」項目下，選定將建立的程式檔案儲存的位
置，本案例是選定 C 磁碟下的「練習」資料夾。然後點擊「建立」按鈕。
當然，你也可以依自己的偏好自訂儲存的位置，如圖 3.5 所示。

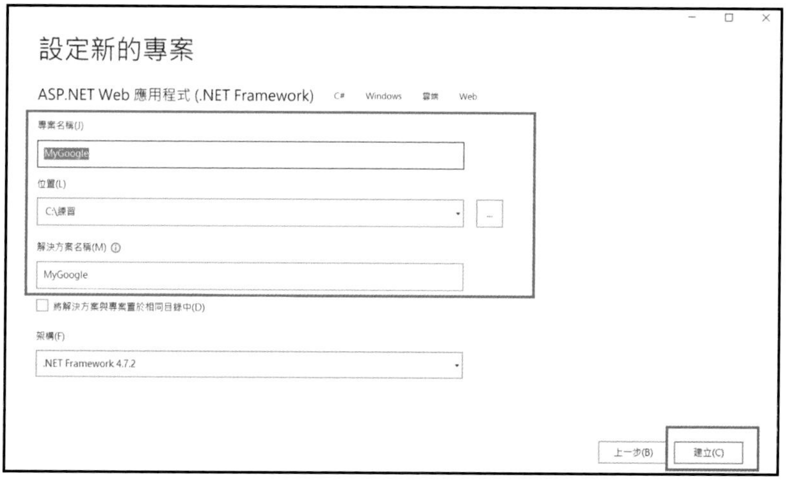

圖 3.5 **設定「專案名稱」及「儲存位置」**

步驟 4：在跳出的「其他資訊」畫面中，作者直接採用預設資料值，並沒有做任何的異動。直接點擊「建立」按鈕。如圖 3.6 所示。

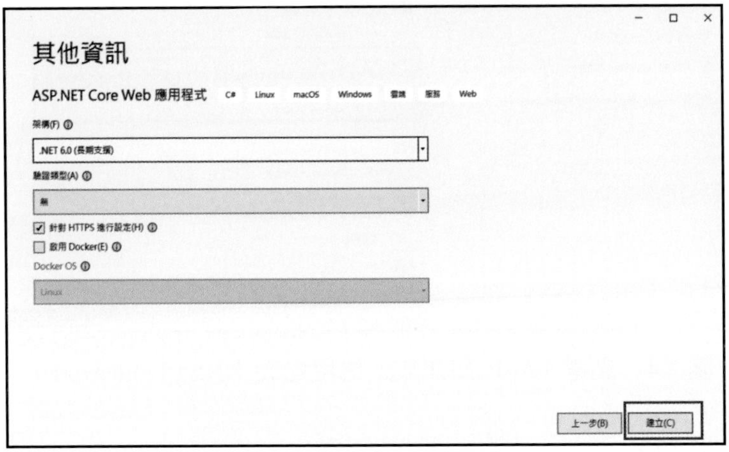

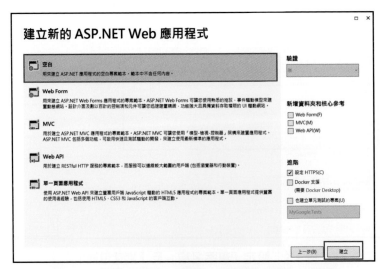

圖 3.6　點擊「建立」按鈕

步驟 5：在跳出的「建立新的 ASP.NET Web 應用程式」畫面中，點選「空白」選項。然後點擊「建立」按鈕。如圖 3.7 所示。

圖 3.7　點選「空白」選項，及點擊「建立」按鈕

步驟 6：如果你看到工具箱、方案總管、還有屬性框，就表示你已經成功開啓程式編輯環境。如圖 3.8 所示。

圖 3.8　程式編輯環境

步驟 7：在右上方的「方案總管」框中，將游標移至「專案」MyGoogle 圖示上，點擊滑鼠右鍵，會跳出功能清單，在「加入」選項下的次項目中，點擊「新增項目」。如圖 3.9 所示。

圖 3.9　點選「新增項目」選項

步驟 8：在跳出的「新增項目 - MyGoogle」畫面中，在左方的「已安裝」方塊中，點選「Visual C#」項下的「Web」選項，在中間的方塊中點選「HTML 頁面」，作者會將下方預設的「名稱」更改為「MyGoogle. html」，然後點擊「新增」按鈕。如圖 3.10 所示。

圖 3.10　點選「HTML 頁面」選項

步驟 10：你會在「方案總管」框中，看到 MyGoogle 專案下多了一個 MyGoogle.htm 網頁檔，以及 HTML 網頁程式的架構，如圖 3.11 所示。進展到這個步驟就表示可以開始設計網頁了。

圖 3.11　HTML 網頁編程畫面

在這裡作者想強調幾項重點。看看圖 3.12 的左方框，是 Visual Studio 2022 內建的網頁程式架構，右方是我們在第 2 章中用記事本設計網頁時建立的網頁程式架構。有發現不同的地方嗎？是顏色。顏色能將標籤、關鍵字以及屬性做區別。而且，這一項特性在進行語法的除錯時特別好用。

```
<!DOCTYPE html>
<html>
<head>
    <meta charset="utf-8" />
    <title></title>
</head>
<body>

</body>
</html>
```

```
<html>
<head>
    <title> </title>
</head>
<body>


</body>
</html>
```

圖 3.12　HTML **網頁程式架構**

Visual Studio 2022 提供了幾項優勢：

(1) 能自動建立程式架構；

(2) 能透過顏色強調關鍵字；

(3) 只要輸入開始標籤，智慧感知技術能自動幫你帶出結束標籤，能減少語法的錯誤率；

(4) 智慧感知技術還能從你輸入的文字中判斷你可能會用到的關鍵字，讓你直接選取即可；

(5) 能透過方案總管幫你管理程式的架構與檔案；

(6) Visual Studio 2022 是微軟的主力產品之一（作者不是在為微軟做廣告），學習它好處多多喔。當然記事本也是微軟的產品；以及

(7) VS 平台能在你編寫網頁語法過程中解析語法，若有錯誤發生能在「錯誤清單」中提供提示，如圖 3.13 所示。此項功能若沒有顯示在操作的視窗中，你可以在上方的「檢視」功能列中到「錯誤清單」功能，只要點擊它，就能使用它了，如圖 3.14 所示。

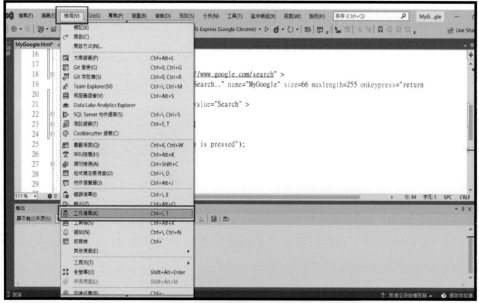

圖 3.13　錯誤清單視窗

圖 3.14　「檢視」功能項能呼叫「錯誤清單視窗」

以上，就是作者在第二章中提到選取工具的重要性。

3.1 建立資料表

編寫網頁有四個步驟：

步驟 1：輸入語法

a. 表頭語法

```
<head>
        <meta charset="utf-8" />
        <title>My Google</title>
</head>
```

b. 表身語法

```
<body>
    <style>
            input {
                font-size: 20px;
            }

            h1, form {
                text-align: center;
            }
    </style>
    <h1>MyGoogle</h1>
    <form method="get" action="http://www.google.com/search">
```

```
    <input type="text" placeholder="Search.." name="MyGoogle"
        size=66 maxlength=255>
    <input type="submit" name="Bnt" value="Search">
    </form>
</body>
```

步驟 2：儲存語法

一般而言，作者在撰寫程式時會隨時進行儲存的動作，以避免一時疏忽
而沒有保留到最新的檔案。那麼該如何進行語法的儲存呢？如圖 3.15
所示，在上方的功能列中有兩個磁碟片的圖示，都是用來儲存語法的：

(1) 右方只有一張磁碟的圖示，是只儲存 .html 網頁檔；

(2) 右方兩張磁碟疊在一起的圖示，除了能儲存 .html 網頁檔之外，還將
專案檔與方案檔一併儲存，當然也將關聯性也儲存了。

圖 3.15　　**儲存語法**

步驟 3：執行程式以檢視是否能正確呈現結果語法編輯完成，自然就是驗證結果
的正確性與否。你可以直接按鍵盤上的 F5 按鈕執行程式，或是在上方
的功能列上找到一個綠色的三角形圖示，如圖 3.16 所示，點擊它即可
執行程式。

圖 3.16　　**執行網頁**

步驟 4：呈現成果

圖 3.17 即是網頁執行成果。

圖 3.17　程式執行結果

確定程式沒問題後，想結束程式，可以直接點擊執行畫面右上方的 ⊠ 圖示，即可結束程式，如圖 3.18 所示。或者在編輯環境的上方功能列中找出紅色的正方形，如圖 3.18 所示，直接點擊它也能結束執行中的程式。

圖 3.18　結束執行程式的圖示

3.2 HTML 語法

本範例的語法說明如下所示：

- 表頭語法

```
<head>
        <meta charset="utf-8" /> 指定網頁使用的編碼為 utf-8
        <title>My Google</title> 設定網頁標題是 My Google
</head>
```

表頭語法所設定的網頁表頭，如圖 3.19 所示。

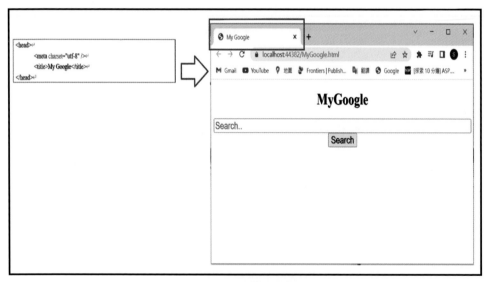

圖 3.19　網頁表頭設定

- 表身語法

```
<body>
    <style> 設定樣式
            input {
                    font-size: 20px; 設定字型大小
```

```
            }

        h1, form {
            text-align: center; 將標題與表單置中
        }
    </style>
    <h1>MyGoogle</h1>　設定標題
    <form method="get" action="http://www.google.com/search">
    <input type="text" placeholder="Search.." name="MyGoogle" size=66
        maxlength=255>
    <input type="submit" name="Bnt" value="Search">
    </form>
</body>
```

表身語法所設定的網頁表身，如圖 3.20 所示。

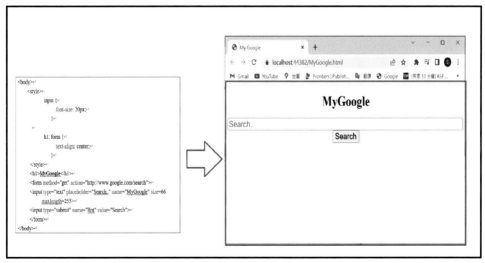

圖 3.20　網頁表身設定

3.3 補充語法

　　所有的 HTML 頁面都擁有相同的結構：

• 宣告 DOCTYPE。

• HTML section 包含：Header 和 Body。

　　<form> 標籤中可應用的屬性：

• action：用來指定一個網址，如圖 3.21 中的 "http://www.google.com/search"，
用來告知瀏覽器，當使用者在查詢框中輸入資料後，點擊查詢按鈕，將輸入
的內容傳送至何處。

• method：用來指定資料傳輸時應用的 HTTP 協議，最常用的是 get 或 post。前
者（get）：會將資料放在 form action 請求的網址後面傳遞出去，也就

• 是大家都知道你輸入了什麼資料喔，如圖 3.21 中的 <form method="get">。後
者（post）：是將資料存放在傳輸封包中傳遞出去，也就是安全性比較高。

```
<body>
    <style>
        input {
            font-size: 20px;
        }

        h1, form {
            text-align: center;
        }
    </style>
    <h1 > MyGoogle</h1>
    <form method="get" action="http://www.google.com/search" >
        <input type="text" placeholder="Search.." name="MyGoogle" size=66
            maxlength=255 onkeypress="return enterKeyPressed(event)">
        <input type="submit" name="Bnt" value="Search" >
    </form>
</body>
```

圖 3.21　　**表身語法**

<input> 標籤中可應用的屬性：

- <input> 可以用來建立許多不同用途的表單控制元件，如 <input type="text"> 是用來建立一個文字輸入欄位。<input type="submit"> 用來建立一個按鈕以送出表單，如圖 3.21 所示。

- 表單元素都有一個 name 屬性，用來指定送出去的資料的名稱，目的是讓遠端伺服器才能透過定義好的名稱去取出對應的欄位值。如 <input type="submit"name="Bnt">，如圖 3.21 所示。

- value 用來指定表單元素的初始值或預設值，如 <input type="submit" name="Bnt" value="Search">，如圖 3.21 所示。

圖 3.12 中，Visual Studio 2022 的 HTML 網頁架構與第二章記事本設計的網頁架構還有一行語法不一樣！那就是：<!DOCTYPE html>。DOCTYPE 是 document type 的縮寫，是標記語言的檔案類型的宣告，也就是告訴瀏覽器目前 HTML 是用哪個版本編輯的，瀏覽器也能知道該網頁檔案需要利用何種規範來解析語法，不過在 HTML5.0 版本中通常會省略這行宣告。

此外，你有發現 Visual Studio 2022 預設的文字太小？這時就可以利用功能列中的「工具」清單中的「選項」項目，並在「選項」畫面中的「字型和色彩」的「大小」項目中進行調整，如圖 3.22 所示。

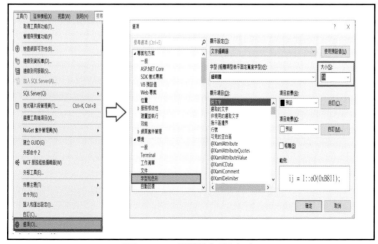

圖 3.22　調整文字大小

3.4 完整語法

```
<!DOCTYPE html>
<html>
<head>
    <meta charset="utf-8" />
    <title>My Google</title>
</head>
<body>
    <style>
        input {
            font-size: 20px;
        }

        h1, form {
            text-align: center;
        }
        </style >
        <h1 > MyGoogle</h1 >
        <form method="get" action="http://www.google.com/search" >
        <input type="text" placeholder="Search.." name="MyGoogle" size=66
            maxlength=255>
        <input type="submit" name="Bnt" value="Search" >
    </form>
</body>
</html>
```

第四章　我的部落格

範例說明：

　　目前有許多人透過各種媒體為自己建立形象，除了可以創造機會之外還能增加收入，甚至去面試新工作時還能為自己創造出更多元的職涯發展。像部落格就是其中一種不錯的運用方式。

　　第四章就來敘述如何應用兩個網頁檔實作部落格，也就是除了首頁之外，還能從首頁中帶出另一個網頁。所以本章切割成範例1與範例2分別說明，如圖4.1為範例1：My Blog首頁，圖4.2範例2：My Blog內頁。

圖 4.1　範例 1：My Blog 首頁

圖 4.2　**範例** 2：My Blog **內頁**

　　在範例 1 中你將學到：

(1) 如何在 <body></body> 區塊中布局不同的區塊內容：

(2) 如何利用超連結、以及建立 menu；

(3) 如何顯示圖片；

(4) 如何帶出另一個網頁，以及

(5) 如何利用 JavaScript 關閉網頁。

　　在範例 2 中你將學到：

(1) 如何建立留言板；以及

(2) 如何新增「回到上一頁」功能。

　　還記得如何開啓 VS 平臺的編程環境嗎？如果還不熟悉就照著下列步驟進行。不過，爲了要讓各位更快熟悉操作環境，從第五章開始就不再列出「開啓網頁編輯環境的步驟」。就讓我們開始吧。

開啓網頁編輯環境的步驟：

步驟 1：在電腦螢幕左下角的「開始」清單中，找出「Visual Studio 2022」項目，
點擊它。如圖 4.3 所示。

圖 4.3　「開始」清單中的 Visual Studio 2022

步驟 2：在跳出的「開始使用」畫面中，點選「建立新的專案」項目，如圖 4.4
所示。

圖 4.4　建立新專案

步驟 3：在跳出的「建立新專案」畫面中，點選「ASP .NET Web 應用程式（.NET Framework）」，如圖 4.5 所示。或者，先經過一步篩選動作，也就是在右上方的「所有語言」下拉式選單中，選「C#」；「所有平臺」下拉式選單中，選「Windows」；「所有專案類型」下拉式選單中，選「Web」，如圖 4.6 所示。再點擊「下一步」按鈕。

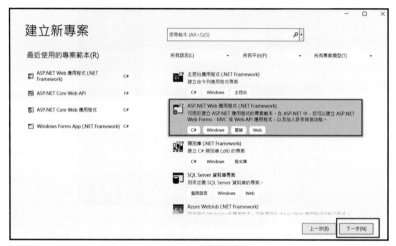

圖 4.5　點選「ASP .NET Web 應用程式（.NET Framework）」方式一

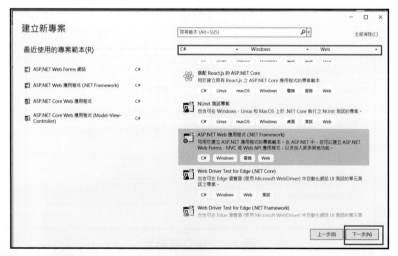

圖 4.6　點選「ASP .NET Web 應用程式（.NET Framework）」方式二

步驟 4：在跳出的「設定新的專案」畫面中，在「專案名稱」項目下，輸入
「MyBlog」；在「位置」項目下，選定將建立的程式檔案儲存的位置，
本範例是選定 C 磁碟下的「練習」資料夾。然後點擊「建立」按鈕。當
然你也可以依自己的偏好自訂儲存的位置，如圖 4.7 所示。

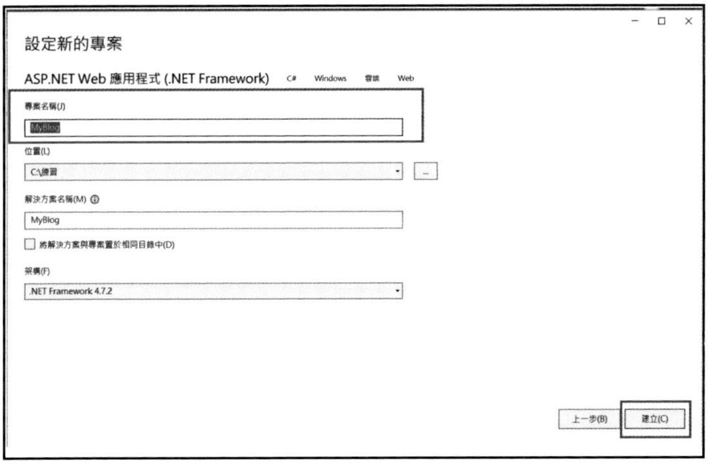

圖 4.7　設定「專案名稱」及「儲存位置」

步驟 5：在跳出的「其他資訊」畫面中，作者直接採用預設資料值，並沒有做任
何的異動。直接點擊「建立」按鈕。如圖 4.8 所示。

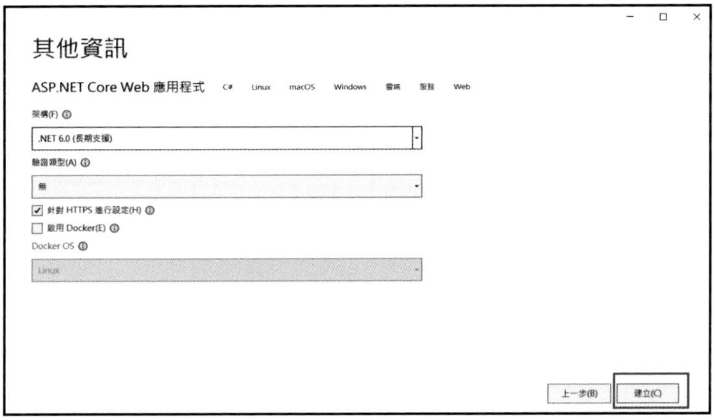

圖 4.8　點擊「建立」按鈕

步驟 6：在跳出的「建立新的 ASP.NET Web 應用程式」畫面中，點選「空白」
選項。然後點擊「建立」按鈕。如圖 4.9 所示。

圖 4.9　點選「空白」選項，及點擊「建立」按鈕

步驟 7：如果你看到工具箱、方案總管、還有屬性框，就表示你已經成功開啟程
式編輯環境。如圖 4.10 所示。

圖 4.10　程式編輯環境

步驟 8： 在右上方的「方案總管」框中，將游標移至「專案」MyBlog 圖示上，
點擊滑鼠右鍵，會跳出功能清單，在「加入」選項下的次項目中，點擊
「新增項目」。如圖 4.11 所示。

圖 4.11　**點選「新增項目」選項**

步驟 9： 在跳出的「新增項目 - MyBlog」畫面中，在左方的「已安裝」方塊中，
點選「Visual C#」項下的「Web」選項，在中間的方塊中點選「HTML
頁面」，作者會將下方預設的「名稱」更改為「MyBlog.html」，然後，
點擊「新增」按鈕。如圖 4.12 所示。

圖 4.12　**點選「HTML 頁面」選項**

步驟 10：你會在「方案總管」視窗中，看到 MyBlog 專案下多了一個 MyBlog.
html 網頁檔，以及 HTML 網頁程式的架構，如圖 4.13 所示。進展到
這個步驟就表示可以開始設計網頁囉。

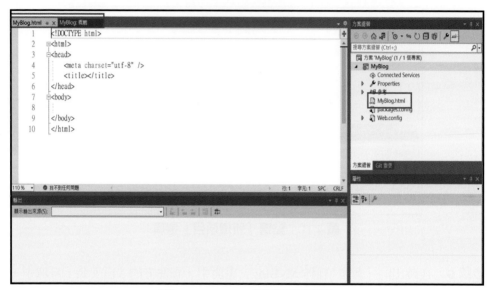

圖 4.13　HTML **網頁編程畫面**

範例 1：My Blog 首頁

4.1 建立資料表

　　編寫網頁有四個步驟：

步驟 1：輸入語法隨著網頁的豐富化，加入的樣式屬性會愈來愈多，爲了網頁語法的清晰度，會將部分 CSS 設計加在表頭部分。所以表頭的標題資訊基本上只需用到 <title></title> 標籤即可。

- 表頭語法

```
<head>
    <meta charset="utf-8">
    <title> Li-Hsin's Blog</title>
    <meta name="viewport" content="width=device-width, initial-scale=1">
    <link rel="stylesheet"
        href="https://maxcdn.bootstrapcdn.com/bootstrap/4.5.2/css/bootstrap.min.css">

    <style>
        article {
            width: 800px;
            border: 3px solid gray;
            padding: 10px;
            border-radius: 10px;
            margin: 20px;
        }
    </style>
</head>
```

- 表身語法

　　本章範例將表身部分 \<body>\</body> 再劃分為 \<header>\</header>、\<article>\</article>，以及 \<footer> \</footer> 四個區塊，並利用 JavaScript 實作「關閉網頁」功能。

「關閉網頁」功能

```
<script type="text/javascript">
        function closewin() {
                window.open('', '_self', ''); window.close();
        }
</script>
```

\<header>\</header>

```
<header>
    <h2>Li-Hsin's Blog </h2>
    <a href="#article" style="font-size: 16px; margin-right: 15px"><b>新增文章
        </b></a>
    <a href="#contact" style="font-size:16px; margin-right:15px"><b>寫信給版主
        </b></a>
    <a href="javascript:window.close();" style="font-size:16px; margin-right:15px"><b>
        關閉網頁</b></a>
</header>
```

\<article>\</article>

```
    <article class="memories">
        <h3 class="post-title">第一篇部落格文章</h3>
        <p> Posted on August 28, 2022 at 10:00 PM</p>
        <p>於 2022 年 8 月成立個人部落格，並發佈第一篇文章以做記錄.</p>
        <a class="btn btn-default" style="color:blue;" href="post1.html">閱讀更多的內容
```

```
        </a>
      <hr>

      <h3 class="post-title">第二篇部落格文章</h3>
      <p> Posted on August 28, 2022 at 10:45 PM</p>
      <p>測試發佈文章.</p>
      <a class="btn btn-default" style="color:blue;" href="post2.html">閱讀更多的內容
        </a>
      <hr>
  </article>
```

```
<footer>
    <nav aria-label="Page navigation">
    <ul class="pagination">
        <li class="page-item"><a class="page-link" href="#">Previous</a></li>
        <li class="page-item"><a class="page-link" href="#">1</a></li>
        <li class="page-item"><a class="page-link" href="#">2</a></li>
        <li class="page-item"><a class="page-link" href="#">3</a></li>
        <li class="page-item"><a class="page-link" href="#">Next</a></li>
    </ul>
    </nav>
    <p><b> Copyright&copy; Li-Hsin 2022</b></p>
</footer>
```

顯示圖片

```
<img src="image/2022.jpg" width="200" height="200" align="right">
```

步驟 2：儲存語法

一般而言，作者在撰寫程式時會隨時進行儲存的動作，以避免一時疏忽而沒有保留到最新的檔案。那麼該如何進行語法的儲存呢？如圖 4.14 所示，在上方的功能列中有兩個磁碟片的圖示，都是用來儲存語法的：

(1) 右方只有一張磁碟的圖示，是只儲存 .html 網頁檔；

(2) 右方兩張磁碟疊在一起的圖示，除了能儲存 .html 網頁檔之外，還將專案檔與方案檔一併儲存，當然也將關聯性也儲存了。

圖 4.14　**儲存語法**

步驟 3：執行程式以檢視是否能正確呈現結果

語法編輯完成，自然就是驗證結果的正確性與否。你可以直接按鍵盤上的 F5 按鈕執行程式，或是在上方的功能列上找到一個綠色的三角形圖示，如圖 4.15 所示，點擊它即可執行程式。

圖 4.15　**執行網頁**

步驟 4：呈現成果

圖 4.16 即是網頁執行成果。

確定程式沒問題後，想結束程式，可以直接點擊執行畫面右上方的 ⊠ 圖示，即可結束程式，如圖 4.17 所示。或者在編輯環境的上方功能列中找出紅色的正方形，如圖 4.17 所示，直接點擊它也能結束執行中的程式。

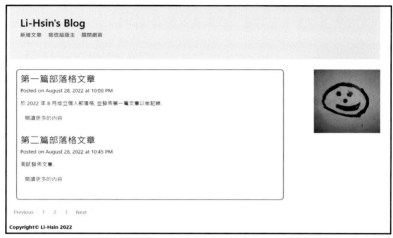

圖 4.16　**程式執行結果**

圖 4.17　**結束執行程式的圖示**

4.2 HTML 語法

本範例利用 "<!-- " "-->" 註解符號說明語法，他可以直接新增在語法中，且以綠色顯示。解析器在讀取註解說明時並不會執行他，因此不會造成語法解析的問題。

• 表頭語法

```
<head>
    <!--指定網頁使用的編碼為 utf-8-->
    <meta charset="utf-8">
    <!--設定網頁標題是 Li-Hsin's Blog-->
    <title> Li-Hsin's Blog</title>
```

```
<!--指定螢幕寬度即裝置寬度，畫面載入的初始縮放比例為 100%-->
<meta name="viewport" content="width=device-width, initial-scale=1">
<!--引用外部的 CSS 檔案-->
<link rel="stylesheet"
    href="https://maxcdn.bootstrapcdn.com/bootstrap/4.5.2/css/bootstrap.min.css">


<!--設定 article 區塊的樣式-->
<style>
    article {
        width: 800px;
        border: 3px solid gray;
        padding: 10px;
        border-radius: 10px;
        margin: 20px;

    }
</style>
</head>
```

表頭語法所設定的網頁表頭，如圖 4.18 所示。

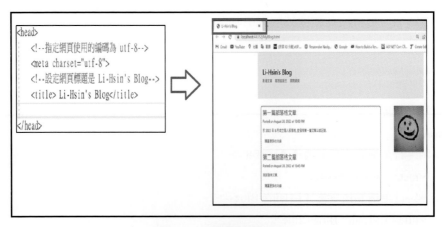

圖 4.18　網頁表頭設定

• 表身語法

「關閉網頁」功能

```
<!--關閉網頁的 JavaScript 語法-->
    <!--直接關閉網頁不需顯示「提示」訊息-->
    <script type="text/javascript">
        function closewin() {
            window.open(", '_self', "); window.close();
        }
    </script>
```

\<header\>\</header\>

```
<header>
    <!--設定 header 標題-->
    <h2>Li-Hsin's Blog </h2>
    <!--設定 menu 及其樣式-->
    <a href="#article" style="font-size: 16px; margin-right: 15px"><b>新增文章
        </b></a>
    <a href="#contact" style="font-size:16px; margin-right:15px"><b>寫信給版主
        </b></a>
    <!--在關閉網頁項目加上呼叫 JavaScript 關閉網頁的方法 window.close()-->
    <a href="javascript:window.close();" style="font-size:16px; margin-right:15px"><b>
        關閉網頁</b></a>
</header>
```

\<article\>\</article\>

```
<!--設定 article 區塊-->
<article class="memories">
    <h3 class="post-title">第一篇部落格文章</h3>
    <!--部落格內文段落-->
```

```
    <p> Posted on August 28, 2022 at 10:00 PM</p>
    <p>於 2022 年 8 月成立個人部落格, 並發佈第一篇文章以做記錄.</p>
    <!--建立「閱讀更多的內容」按鈕, 並連結另一個 post1網頁檔-->
    <a class="btn btn-default" style="color:blue;" href="post1.html">閱讀更多的內容
        </a>
    <hr> <!--設定段落層級水平線, 即區隔線-->


    <h3 class="post-title">第二篇部落格文章</h3>
    <p> Posted on August 28, 2022 at 10:45 PM</p>
    <p>測試發佈文章.</p>
    <!--建立「閱讀更多的內容」按鈕, 並連結另一個 post2 網頁檔-->
    <a class="btn btn-default" style="color:blue;" href="post2.html">閱讀更多的內容
        </a>
    <hr> <!--設定段落層級水平線, 即區隔線-->
</article>
```

```
<footer><footer>
```

```
<!--設定 footer 區塊-->
<footer>
    <nav aria-label="Page navigation">
    <!--設定分頁-->
    <ul class="pagination">
        <li class="page-item"><a class="page-link" href="#">Previous</a></li>
        <li class="page-item"><a class="page-link" href="#">1</a></li>
        <li class="page-item"><a class="page-link" href="#">2</a></li>
        <li class="page-item"><a class="page-link" href="#">3</a></li>
        <li class="page-item"><a class="page-link" href="#">Next</a></li>
    </ul>
    </nav>
```

```
        <!--宣告版權-->
        <p><b> Copyright&copy; Li-Hsin 2022</b></p>
    footer>
```

顯示圖片

```
<!--設定欲顯示的圖片 2022.jpg，並設定 width & height 與 align 對齊方式-->
<img src="image/2022.jpg" width="200" height="200" align="right">
```

　　表身語法所設定的網頁表身，如圖 4.19 所示。

圖 4.19　網頁表身設定

4.3 補充語法

・設定樣式 CSS

常用的樣式設定方式有三種：

(1) 引用外部的 CSS 檔

你可以利用 notepad++ 或記事本，將設定的樣式新增一個附檔名為 .css 的檔案格式。

引用方式為：

```
<link rel="stylesheet" type="text/css" href="filename.css">
```

一般會將引用外部 CSS 檔案的語法放置在 <head></head> 區塊中。本範例中亦引用了外部 CSS 檔案，如下所示：

```
<!--引用外部的 CSS 檔案-->
<link rel="stylesheet"
href="https://maxcdn.bootstrapcdn.com/bootstrap/4.5.2/css/bootstrap.min.css">
```

使用這種方式有數個益處：(1) 具有可維護性；(2) HTML 檔案會簡潔許多。而引用外部檔案的方式，還有另外一種，它是應用於引用其他樣式表中的規則，方式為：

```
<style>
    @import url(style.css);
</style>
```

(2) 嵌入 CSS 方式

通常會在 HTML <head></head> 區塊中，在 <style></style> 區塊中設定樣式規則。方式如下所示：

```
<head>
    <style>
        .content {
            background: red;
        }
    </style>
</head>
```

　　本範例中亦有嵌入 CSS 的應用方式。想要呈現的是部落格中的主體區塊，也就是你在首頁中看到被方框框住的文章範圍。語法如下所示：

```
<style>
        article {
            width: 800px;
            border: 3px solid gray;
            padding: 10px;
            border-radius: 10px;
            margin: 20px;
        }
    </style>
```

(3) 行內套用 CSS 樣式

　　直接在 HTML 標籤中的 style 屬性中新增 CSS 樣式。方式為：

```
<tagname style="property: value">
```

　　本範例中在 <header></header> 區塊中設定 menu 及其樣式，就是行內套用 CSS 樣式的應用，如下所示：

```
<header>
    <!--設定 header 標題-->
    <h2>Li-Hsin's Blog </h2>
    <!--設定 menu 及其樣式-->
     <a href="#article" style="font-size: 16px; margin-right: 15px"><b>新增文章
          </b></a>
     <a href="#contact" style="font-size:16px; margin-right:15px"><b>寫信給版主
          </b></a>
     <!--在關閉網頁項目加上呼叫 JavaScript 關閉網頁的方法 window.close()-->
     <a href="javascript:window.close();" style="font-size:16px;
          margin-right:15px"><b>關閉網頁 </b></a>
</header>
```

　　一般而言，行內套用 CSS 樣式的方式可維護性不高，畢竟它只能改變該標籤的樣式，若想要多個標籤都擁有相同的樣式，就必須重覆新增同樣的樣式，同理，當你想修改某個屬性值時，可能又得一次次重覆修改多次相關的語法。所以，樣式的應用方式是個值得思考的編輯方式喔。

‧HTML 特殊符號

　　本範例在 footer 宣告了 copyright 版權聲明，「 Copyright © Li-Hsin 2022」。多數企業在企業系統上通常也會在可視視窗中宣告版權聲明。一般方式有數種：(1) 用 © 符號；(2) 用「Copyright」或縮寫「Copr.」；(3) 列出版權的有者，一般是企業名稱；(4) 列出系統首次發佈的年份。其中，版權符號 © 用 HTML 表示的方式是用 &copy。

　　同理，你想在網頁中顯示特殊符號，通常都會在 HTML 中加入以 & 開頭的字母組合，或是以 &# 開頭的數字。下表列出幾項常用的特殊符號：

符號	HTML 標記法	說明
©	&copy;	版權符號（copyright）
®	&reg;	註冊商標符號（registered trademark）
™	&trade;	商標符號（™）

4.4 完整語法

```
<!DOCTYPE html>
<html>
<head>
    <meta charset="utf-8">
    <title> Li-Hsin's Blog</title>
    <meta name="viewport" content="width=device-width, initial-scale=1">
    <link rel="stylesheet"
        href="https://maxcdn.bootstrapcdn.com/bootstrap/4.5.2/css/bootstrap.min.css">
    <style>
        article {
            width: 800px;
            border: 3px solid gray;
            padding: 10px;
            border-radius: 10px;
            margin: 20px;
        }
    </style>
</head>

<body>
    <script type="text/javascript">
        function closewin() {
            window.open('', '_self', ''); window.close();
        }
    </script>

    <div class="container">
      <div class="jumbotron">
```

```
        <header>
                <h2>Li-Hsin's Blog </h2>
                <a href="#article" style="font-size: 16px; margin-right: 15px"><b>新增
                        文章</b></a>
                <a href="#contact" style="font-size:16px; margin-right:15px"><b>寫信
                        給版主</b></a>
                <a href="javascript:window.close();" style="font-size:16px;
                        margin-right:15px"><b>關閉網頁</b></a>
        </header>
    </div>

    <img src="image/2022.jpg" width="200" height="200" align="right">

<article class="memories">
        <h3 class="post-title">第一篇部落格文章</h3>
        <p> Posted on August 28, 2022 at 10:00 PM</p>
        <p>於 2022 年 8 月成立個人部落格, 並發佈第一篇文章以做記錄.</p>
        <a class="btn btn-default" style="color:blue;" href="post1.html">閱讀更多的
                內容</a>
        <hr>

        <h3 class="post-title">第二篇部落格文章</h3>
        <p> Posted on August 28, 2022 at 10:45 PM</p>
        <p>測試發佈文章.</p>
        <a class="btn btn-default" style="color:blue;" href="post2.html">閱讀更多的
                內容</a>
        <hr>
</article>

<footer>
```

```
                    <nav aria-label="Page navigation">
                    <ul class="pagination">
                      <li class="page-item"><a class="page-link"
                          href="#">Previous</a></li>
                      <li class="page-item"><a class="page-link" href="#">1</a></li>
                      <li class="page-item"><a class="page-link" href="#">2</a></li>
                      <li class="page-item"><a class="page-link" href="#">3</a></li>
                      <li class="page-item"><a class="page-link" href="#">Next</a></li>
                    </ul>
                  </nav>
              <p><b> Copyright &copy; Li-Hsin 2022</b></p>
          </footer>
      </div>
</body>
</html>
```

範例 2：My Blog 內頁

如在本章一開始提到，在範例 2 中你將學到：

(1) 如何建立留言板；以及

(2) 如何新增「回到上一頁」功能。

為了完成範例 2，我們要在方案總管視窗中，新增第二個網頁檔，步驟如下所示。

建立第二個網頁的步驟：

步驟 1：在右上方的「方案總管」框中，將游標移至「專案」MyBlog 圖示上，點擊滑鼠右鍵，會跳出功能清單，在「加入」選項下的次項目中，點擊「新增項目」。如圖 4.20 所示。

圖 4.20　**點選「新增項目」選項**

步驟 2：在跳出的「新增項目 - MyBlog」畫面中，在左方的「已安裝」方塊中，點選「Visual C#」項下的「Web」選項，在中間的方塊中點選「HTML

頁面」，作者會將下方預設的「名稱」更改爲「Post1.html」，然後點擊「新增」按鈕。如圖 4.21 所示。

圖 4.21　點選「HTML 頁面」選項

步驟 3：你會在「方案總管」框中，看到 MyBlog 專案下除了 MyBlog.html 網頁檔之外，還新增了一個 Post1.html 網頁檔，左方一樣會自動帶出 HTML 網頁程式的架構，如圖 4.22 所示。到這個步驟就表示可以開始設計網頁囉。

圖 4.22　HTML 網頁編程畫面

4.5 建立資料表

編寫網頁有四個步驟：

步驟 1： 輸入語法

My Blog 內頁是在首頁中點擊「閱讀更多的內容」按鈕，呼叫出來的第二個頁面。

- 表頭語法

```
<head>
    <meta charset="utf-8">
    <title> Li-Hsin's Blog</title>
    <meta name="viewport" content="width=device-width, initial-scale=1">
    <link rel="stylesheet"
href="https://maxcdn.bootstrapcdn.com/bootstrap/4.5.2/css/bootstrap.min.css">
</head>
```

- 表身語法

本章範例一樣將表身部分 <body></body> 再劃分為 <header></header>、<article></article>，以及 <footer> </footer> 三個區塊，並利用 JavaScript 實作「關閉網頁」功能，以及「回上一頁」功能。

「關閉網頁」功能

```
<script type="text/javascript">
        function closewin() {
                window.open('', '_self', ''); window.close();
        }
</script>
```

<header><header>

```
<header>
    <h1>Li-Hsin's Blog </h1>
    <a href="#article" style="font-size: 18px; margin-right: 15px"><b>新增文章</b></a>
    <a href="#contact" style="font-size:18px; margin-right:15px"><b>寫信給版主
        </b></a>
    <a href="javascript:history.back()" style="font-size:18px; margin-right:15px"><b>回
        上一頁</b></a>
    <a href="javascript:window.close();" style="font-size:18px; margin-right:15px"><b>
        關閉網頁</b></a>
</header>
```

<article></article>

```
<article>
    <h1 class="post-title">第一篇部落格文章</h1>
    <p> Posted on August 24, 2013 at 9:00 PM</p>
    <p style="font-size:20px;">於 2022 年 8 月成立個人部落格, 並發佈第一篇文章
        以做記錄.</p>
    <br>
    <hr>
</article>
```

<section></section>

```
<section>
    <h3>留言:</h3>
    <form role="form">
        <div class="form-group">
            <textarea class="form-control" rows="6" cols="80"></textarea>
        </div>
        <button type="submit" class="btn btn-primary">
```

```
                    style="width:120px;height:40px;font-size:20px;"> 提交
        </button>
    </form>
section>
```

`<footer> </footer>`

```
<footer>
    <br />
    <p style="font-size:20px;">Copyright &copy; Li-Hsin 2022</p>
</footer>
```

顯示圖片

```
<img src="image/2022.jpg" width="170" height="170" align="left">
```

步驟 2：儲存語法

一般而言，作者在撰寫程式時會隨時進行儲存的動作，以避免一時疏忽而沒有保留到最新的檔案。那麼該如何進行語法的儲存呢？如圖 4.23 所示，在上方的功能列中有兩個磁碟片的圖示，都是用來儲存語法的：

(1) 右方只有一張磁碟的圖示，是只儲存 .html 網頁檔；

(2) 右方兩張磁碟疊在一起的圖示，除了能儲存 .html 網頁檔之外，還將專案檔與方案檔一併儲存，當然也將關聯性也儲存了。

圖 4.23　儲存語法

步驟 3：執行程式以檢視是否能正確呈現結果

語法編輯完成，自然就是驗證結果的正確性與否。你可以直接按鍵盤上的 F5 按鈕執行程式，或是在上方的功能列上找到一個綠色的三角形圖示，如圖 4.24 所示，點擊它即可執行程式。

檔案(F)
編輯(E)
檢視(V)
Git(G)
專案(P)
建置(B)
偵錯(D)
測試(S)
分析(N)
工具(T)
延伸模組(X)
Debug
Any CPU
IIS Express (Google Chrome)

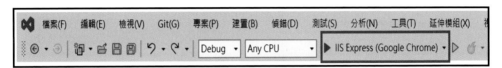

圖 4.24　執行網頁

步驟 4：呈現成果

圖 4.25 即是網頁執行成果。

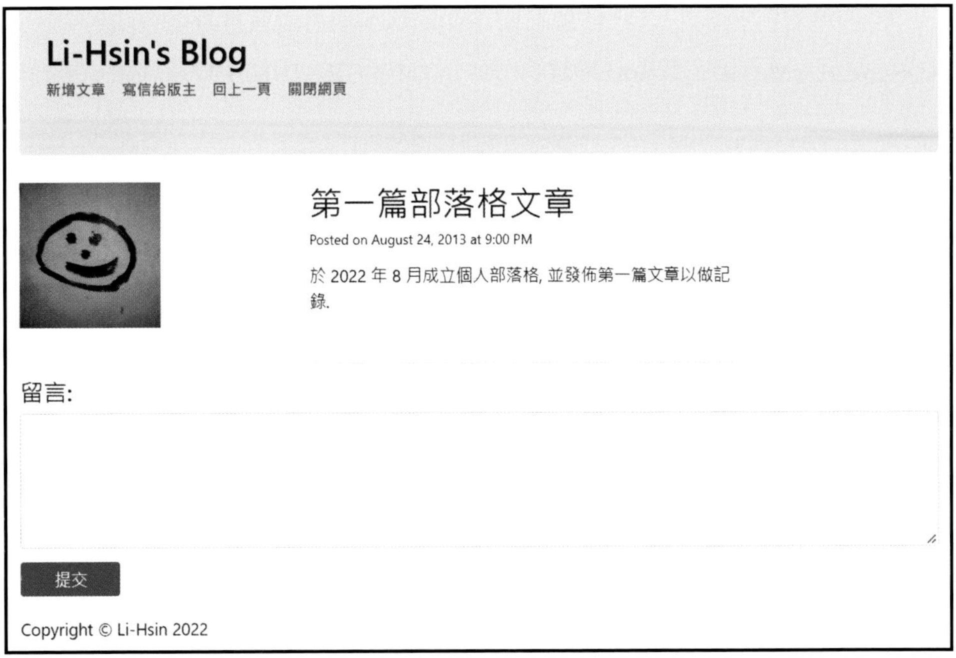
Li-Hsin's Blog
新增文章　寫信給版主　回上一頁　關閉網頁
第一篇部落格文章
Posted on August 24, 2013 at 9:00 PM
於 2022 年 8 月成立個人部落格, 並發佈第一篇文章以做記錄.
留言:
提交
Copyright © Li-Hsin 2022

圖 4.25　程式執行結果

確定程式沒問題後，想結束程式，可以直接點擊執行畫面右上方的 ⊠
圖示，即可結束程式，如圖 4.26 所示。或者在編輯環境的上方功能列
中找出紅色的正方形，如圖 4.26 所示，直接點擊它也能結束執行中的
程式。

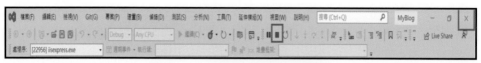

圖 4.26　結束執行程式的圖示

4.6 HTML 語法

本範例利用 "<!-- " "-->" 註解符號說明語法，他可以直接新增在語法中，且
以綠色顯示。解析器在讀取註解說明時並不會執行他，因此不會造成語法解析的
問題。

- 表頭語法

```
<head>
    <!--指定網頁使用的編碼為utf-8-->
    <meta charset="utf-8">
    <!--設定網頁標題是 Li-Hsin's Blog-->
    <title> Li-Hsin's Blog</title>
    <!—指定螢幕寬即裝置寬度，畫面載入的初始縮放比例是 100%-->
    <meta name="viewport" content="width=device-width, initial-scale=1">
    <!--引用外部的 CSS 檔-->
    <link rel="stylesheet"
        href="https://maxcdn.bootstrapcdn.com/bootstrap/4.5.2/css/bootstrap.min.css">
</head>
```

- 表身語法

「關閉網頁」功能

```
<!—關閉網頁的 JavaScript 語法-->
<!—直接關閉網頁不需要顯示「提示」訊息-->
<script type="text/javascript">
        function closewin() {
                window.open(", '_self', "); window.close();
        }
</script>
```

```
<header>
    <!—設定 header 的標題-->
    <h1>Li-Hsin's Blog </h1>

    <!—設定menu 及其樣式-->
    <a href="#article" style="font-size: 18px; margin-right: 15px">
            <b>新增文章</b>
    </a>
    <a href="#contact" style="font-size:18px; margin-right:15px">
            <b>寫信給版主</b>
    </a>

    <!—利用JavaScript 的 history.back() 回上一頁-->
    <a href="javascript:history.back()" style="font-size:18px; margin-right:15px">
            <b>回上一頁</b>
    </a>

    <!—利用JavaScript 的 window.close() 關閉網頁-->
```

```
    <a href="javascript:window.close();" style="font-size:18px; margin-right:15px">
        <b>關閉網頁</b>
    </a>
</header>
```

`<article></article>`

```
<article>
    <!—設定文章標題-->
    <h1 class="post-title">第一篇部落格文章</h1>

    <!—設定發佈文章的日期/時間-->
    <p> Posted on August 24, 2013 at 9:00 PM</p>

    <!—設定段落文字及字型大小-->
    <p style="font-size:20px;">
        於 2022 年 8 月成立個人部落格, 並發佈第一篇文章以做記錄.
    </p>
    <br> <!—空一行-->
    <hr> <!—設定區隔線-->
</article>
```

`<section> </section>`

```
<section>
    <!—設定標題-->
    <h3>留言:</h3>
    <!—設定留言表單-->
    <form role="form">
```

```
            <!—設定留言表單大小並可允許多行輸入-->
            <div class="form-group">
                <textarea class="form-control" rows="6" cols="80"></textarea>
            </div>

            <!—設定提交按鈕及其大小-->
            <button type="submit" class="btn btn-primary"
                    style="width:120px;height:40px;font-size:20px;"> 提交
            </button>
        </form>
    </section>
```

```
<footer>
    <br /> <!—空一行-->
    <!—宣告版權-->
    <p style="font-size:20px;">Copyright &copy; Li-Hsin 2022</p>
</footer>
```

顯示圖片

```
<!—設定欲顯示的圖片  2022.jpg，並設定大小與對齊方式-->
<img src="image/2022.jpg" width="170" height="170" align="left">
```

表身語法所設定的網頁表身，如圖 4.27 所示。

圖 4.27　**網頁表身設定**

4.7 補充語法

　　一個網頁是由許多元素構成的，就像我們可以將一個網頁切割為表頭跟表身，再將表身切割為 <header></header>、<article></article> 以及 <footer></footer> 等區塊，而這些區塊中又是由更細緻的元素所組成，像 <title></title>、<h2></h2> 等。每個元素都可以視為一個 box model，而 box model 中則包含了 margin、border、padding，以及 content box 元件，如圖 4.28 所示。這些元素的組合就是我們看到的網頁內容，你可以在瀏覽任一個網頁時，按下鍵盤上 F12 按鈕，就可以看到該網頁的組成元件，以及 the CSS box model。

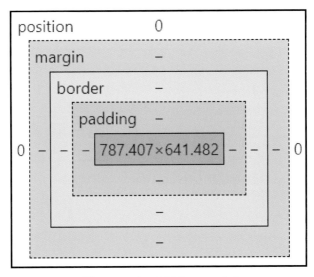

圖 4.28　the CSS box model

　　所以，在第四章中，作者想談談 the CSS box model。一個 box（盒子）的由邊框（border）設定範圍框，內裝是內容（content）。內裝物可以由內邊距（padding），決定內容（content）的位置。而外邊距（margin），是該 box 與其他 box 之間的間距。你用過 word 的表格設定嗎？作者覺得這概念挺像的。

• **Border 屬性**

屬性名稱	說明
border-width	定義 border 粗細度，單位是 px
border-style	邊框的樣式 (1) none（不加邊框） (2) solid（實線邊框） (3) dashed（虛線邊框） (4) dotted（點線邊框）
border-color	邊框的顏色

圖 4.29 是 border 屬性設定的範例。

```
<body>
    <style>
        h1 {
            width: 300px;
            height: 70px;
            border-width: 3px;
            border-style: solid;
            border-color: blue;
        }
    </style>

    <h1>第一篇部落格文章</h1>
</body>
```

⇨ 第一篇部落格文章

圖 4.29　border 屬性設定

* **margin 屬性**

屬性名稱	說明
margin-left	左外邊距
margin-right	右外邊距
margin-top	上外邊距
margin-bottom	下外邊距

圖 4.30 是 margin 屬性設定的範例。

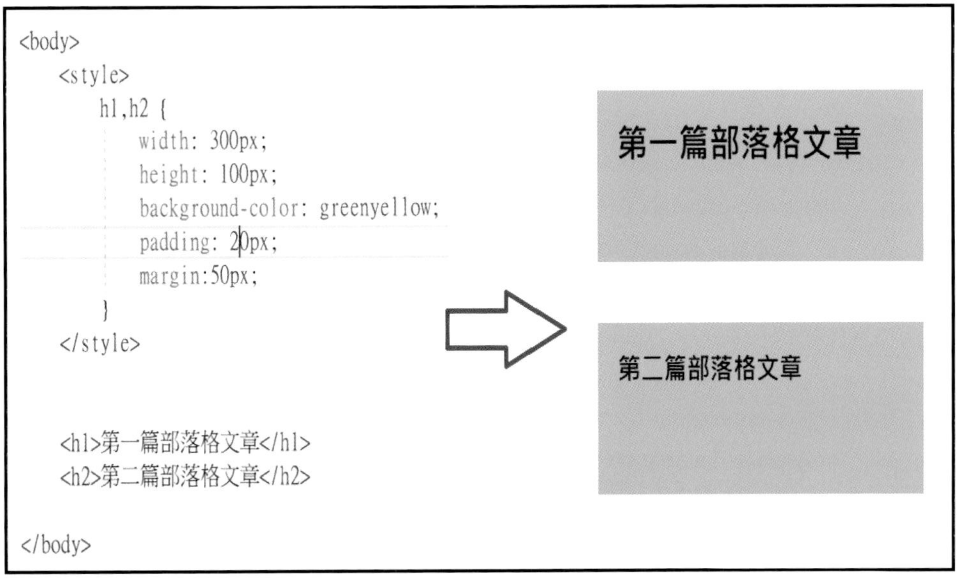

```
<body>
    <style>
        h1,h2 {
            width: 300px;
            height: 100px;
            background-color: greenyellow;
            padding: 20px;
            margin:50px;
        }
    </style>



    <h1>第一篇部落格文章</h1>
    <h2>第二篇部落格文章</h2>

</body>
```

第一篇部落格文章

第二篇部落格文章

圖 4.30　margin **屬性設定**

　　依據 W3C 制訂的規範中指出，元素內容占據的空間是由屬性 width 設定的，而內容的 padding 和 border 值則是分開計算與設定的。

4.8 完整語法

```
<!DOCTYPE html>
<html>
<head>
    <meta charset="utf-8">
    <title> Li-Hsin's Blog</title>
    <meta name="viewport" content="width=device-width, initial-scale=1">
    <link rel="stylesheet"
        href="https://maxcdn.bootstrapcdn.com/bootstrap/4.5.2/css/bootstrap.min.c
```

```
</head>

<body>
    <script type="text/javascript">
        function closewin() {
            window.open('', '_self', ''); window.close();
        }
    </script>

    <div class="container">
        <div class="jumbotron">
            <header>
                <h1>Li-Hsin's Blog </h1>
                <a href="#article" style="font-size: 18px; margin-right: 15px"
                    增文章</b></a>
                <a href="#contact" style="font-size:18px; margin-right:15px":
                    信給版主</b></a>
                <a href="javascript:history.back()" style="font-size:18px;
                    margin-right:15px"><b>回上一頁</b></a>
                <a href="javascript:window.close();" style="font-size:18px;
                    margin-right:15px"><b>關閉網頁</b></a>
            </header>
        </div>

        <img src="image/2022.jpg" width="170" height="170" align="left">

        <div style="padding-left:350px;padding-right:250px">
            <article>
                <h1 class="post-title">第一篇部落格文章</h1>
                <p> Posted on August 24, 2013 at 9:00 PM</p>
```

```
                    <p style="font-size:20px;">於 2022 年 8 月成立個人部落格, 並發
                佈第一篇文章以做記錄.</p>
                <br>
                <hr>
            </article>
        </div>


        <div class="well">
            <section>
                <h3>留言:</h3>
                <form role="form">
                    <div class="form-group">
                        <textarea class="form-control" rows="6"
                            cols="80"></textarea>
                    </div>
                    <button type="submit" class="btn btn-primary"
                        style="width:120px;height:40px;font-size:20px;">
                        提交
                    </button>
                </form>
            </section>
        </div>


        <footer>
            <br />
            <p style="font-size:20px;">Copyright &copy; Li-Hsin 2022</p>
        </footer>
    </div>
</body>
</html>
```

第五章　MyShop

範例說明：

　　依據《2021年中小企業白皮書》內容顯示，2020年臺灣中小企業家數約為154萬家，約占全體企業98%。在科技持續進步、經濟環境變遷，消費者購物習慣改變等因素的影響下，購物平台、宅配，以及外送的快捷與便利性，電商隨之愈受重視。無論你是主管或是企業擁有者，為自己服務的企業建立網頁，不只能與既有顧客溝通更方便，還能做一年365天、一天24小時的商品廣告。如果你想業餘兼職，或為家人創立一間小店，利用網頁替自己的事業宣傳也很讚喔。第五章就來敘述如何應用兩個網頁檔實作手搖飲料店網頁，也就是除了商店首頁之外，還能從首頁中帶出另一個帶有商品與計算金額的網頁。故第五章切割成範例1與範例2分別說明，如圖5.1為範例1：My Shop首頁，圖5.2範例2：Orders內頁。

圖 5.1　範例 1：My Shop 首頁

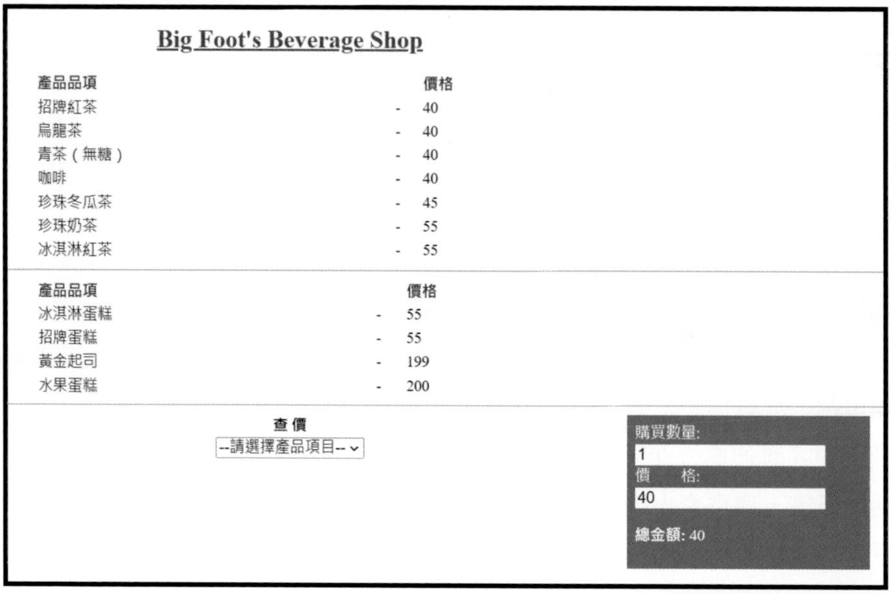

圖 5.2 **範例** 2：Orders **內頁**

在範例 1 中你將學到：

(1) 如何利用 <main></main> 與 <news></news> 區塊布局首頁內容；

(2) 如何利用 <ul></ul> 與 <li></li> 區塊中建立無次序的清單項目；

(3) 如何建立訊息視窗；以及

(4) 如何帶出算帳網頁。

在範例 2 中你將學到：

(1) 如何利用 <table></table> 建立商品 menu；

(2) 如何利用下拉式選單建立查價功能；以及

(3) 建立計算金額功能。

還記得如何開啟 VS 平臺的編程環境嗎？如果還不熟悉就參考第三章或第四章的內容囉，從第五章開始就不再列出「開啟網頁編輯環境的步驟」。就讓我們開始吧。

範例 1：My Shop 首頁

5.1 建立資料表

編寫網頁有四個步驟：

步驟 1： 輸入語法網頁的結構很相似，只要熟悉元素、屬性以及內容就可以創造
出自己專屬的網頁。

• 表頭語法

```
<head>
    <meta charset="utf-8">
    <title>Big Foot's Beverage Shop</title>

    <style>
        body {
            margin: 2em 6em;
            font-family: Georgia, "Times New Roman", Times, serif;
        }

        .news {
            float: right;
            width: 25%;
            margin: 1.5% 0 0;
            outline: 2px solid red;
        }

        #main {
            float: left;
            width: 65%;
            margin: 0 5%;
```

```
            }

        .items-list {
                border-radius: 5px;
                position: absolute;
                top: 300px;
                right: 100px;
                display: inline-block;
                background-color: #eee;
                width: 250px;
                height: 100px;
                margin-right: 20px;
                box-shadow: 0px 0px 15px red;
                font-size: 20px;
        }
    </style>
</head>
```

- 表身語法

本章範例將表身部分 <body></body> 再劃分為 <main></main> 以及 <news></news> 兩個區塊，並利用 CSS 做出一個突顯「開立訂單」項目功能，看起來類似按鈕的外形。

```
<body>
    <div id="main">
        <img src="images/bigfootshop.gif" alt="Big Foot's Shop" width="460"
            height="94">

        <h1>Welcome to Big Foot's Beverage Shop</h1>
        <p>
```

茶，是利用茶樹的葉子加工製成的飲料，還能加入菜肴中讓食物更美味。\
依製作工序茶可分為六大類，綠茶、白茶、黃茶、青茶、紅茶，以及黑茶。
    \</p>
    \<p>

        本店亦有茶葉伴手禮盒與茶葉相關知識分享時間，如果想取得進一步資訊請直接詢問本店員工即可。
    \</p>

    \<h2>必喝飲料\</h2>
    \<ul>
        \<li>珍珠奶茶\</li>
        \<li>招牌紅茶\</li>
        \<li>烏龍茶\</li>
        \<li>珍珠冬瓜茶\</li>
        \<li>青茶（無糖）\</li>
    \</ul>
    \<p>店址：桃園市中正路 xx 號\</p>
    \<p>電話: (03)123-0000\</p>
    \<p>\<small>\<b>Copyright 2022 \© Big Foot Chi-Chi\</b>\</small>\</p>
\</div>

\<div class="news">
    \<h2>最新消息\</h2>
    \<ul>
        \<li>\<strong>最新優惠訊息!\</strong>\
 3/1--3/3 珍珠奶茶第二杯半價。\<a href="foo">More...\</a>
        \</li>
        \<li>\<strong>公休時間\</strong>\
 下周五 (3/10) 店休一天。\<a href="foo">More...\</a>
        \</li>

```
        </ul>
    </div>

    <div class="items-list">
        <ul>
            <li><a href="Orders.html">開立訂單</a></li>
        </ul>
    </div>

</body>
```

步驟 2：儲存語法

一般而言，作者在撰寫程式時會隨時進行儲存的動作，以避免一時疏忽而沒有保留到最新的檔案。那麼該如何進行語法的儲存呢？如圖 5.3 所示，在上方的功能列中有兩個磁碟片的圖示，都是用來儲存語法的：

(1) 右方只有一張磁碟的圖示，是只儲存 .html 網頁檔；

(2) 右方兩張磁碟疊在一起的圖示，除了能儲存 .html 網頁檔之外，還將專案檔與方案檔一併儲存，當然也將關聯性也儲存了。

圖 5.3　**儲存語法**

步驟 3：執行程式以檢視是否能正確呈現結果語法編輯完成，自然就是驗證結果的正確性與否。你可以直接按鍵盤上的 F5 按鈕執行程式，或是在上方的功能列上找到一個綠色的三角形圖示，如圖 5.4 所示，點擊它即可執行程式。

圖 5.4　**執行網頁**

步驟 4： 呈現成果

圖 5.5 即是網頁執行成果。

圖 5.5　**程式執行結果**

確定程式沒問題後，想結束程式，可以直接點擊執行畫面右上方的 ⊠
圖示，即可結束程式，如圖 5.6 所示。或者在編輯環境的上方功能列中
找出紅色的正方形，如圖 5.6 所示，直接點擊它也能結束執行中的程式。

圖 5.6　結束執行程式的圖示

5.2 HTML 語法

本範例利用 "<!-- " "-->" 註解符號說明語法，他可以直接新增在語法中，且以綠色顯示。解析器在讀取註解說明時並不會執行他，因此不會造成語法解析的問題。

- 表頭語法

<title></title>

```
<head>
    <!--指定網頁使用的編碼為 utf-8-->
    <meta charset="utf-8">
    <!--設定網頁標題是 Big Foot's Beverage Shop-->
    <title>Big Foot's Beverage Shop</title>
</head>
```

<style></style>

```
<!--設定表身各區塊的樣式-->
<style>
        body {
            margin: 2em 6em;
            font-family: Georgia, "Times New Roman", Times, serif;
        }
```

```
    .news {
        float: right;
        width: 25%;
        margin: 1.5% 0 0;
        outline: 2px solid red;
    }

    #main {
        float: left;
        width: 65%;
        margin: 0 5%;
    }

    .items-list {
        border-radius: 5px;
        position: absolute;
        top: 300px;
        right: 100px;
        display: inline-block;
        background-color: #eee;
        width: 250px;
        height: 100px;
        margin-right: 20px;
        box-shadow: 0px 0px 15px red;
        font-size: 20px;
    }
</style>
```

- 表身語法

Main 區塊

```
<div id="main">
        <!--設定欲顯示的圖片 bigfootshop.gif，並設定 width & height 與 alt 屬性-->
        <img src="images/bigfootshop.gif" alt="Big Foot's Shop" width="460"
             height="94">


        <!--設定標題與段落文字-->
        <h1>Welcome to Big Foot's Beverage Shop</h1>
        <p>
                茶，是利用茶樹的葉子加工製成的飲料，還能加入菜肴中讓食物更美
                味。<br>依製作工序茶可分為六大類，綠茶、白茶、黃茶、青茶、紅茶，
                以及黑茶。
        </p>
        <p>
                本店亦有茶葉伴手禮盒與茶葉相關知識分享時間，如果想取得進一步資
                訊請直接詢問本店員工即可。
        </p>


        <!--設定必喝飲料無序項目-->
        <h2>必喝飲料</h2>
        <ul>
                <li>珍珠奶茶</li>
                <li>招牌紅茶</li>
                <li>烏龍茶</li>
                <li>珍珠冬瓜茶</li>
                <li>青茶（無糖）</li>
        </ul>


        <p>店址：桃園市中正路 xx 號</p>
        <p>電話: (03)123-0000</p>
        <p><small><b>Copyright 2022 &copy; Big Foot Chi-Chi</b></small></p>
</div>
```

News 區塊

```
<!--設定最新消息區塊-->
<div class="news">
        <h2>最新消息</h2>
        <ul>
            <!—發佈最新優專訊息-->
            <li><strong>最新優惠訊息!</strong><br /> 3/1--3/3 珍珠奶茶第二杯半
                價。<a href="foo">More...</a>
            </li>
            <!--發佈公休時間-->
            <li><strong>公休時間</strong><br /> 下周五 (3/10) 店休一天。<a
                href="foo">More...</a>
            </li>
        </ul>
    </div>
```

Items-list 區塊

```
<!--設定連結 Orders.html-->
<div class="items-list">
        <ul>
            <li><a href="Orders.html">開立訂單</a></li>
        </ul>
</div>
```

表身語法所設定的網頁表身，如圖 5.7 所示。

圖 5.7　網頁表身設定

5.3 補充語法

· 無排序項目與有排序項目

常用的項目設定方式有兩種：

(1) 無排序項目設定

<ul></ul> 標籤區塊用來定義一個無排序的項目清單，<li></li> 標籤則用來設定個別項目。

設定語法為：

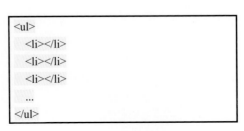

本章中也應用了無排序項目設定，如下所示：

<table>
<tr><td>語法</td><td>執行結果</td></tr>
<tr><td>

```
<h2>必喝飲料</h2>
<ul>
    <li>珍珠奶茶</li>
    <li>招牌紅茶</li>
    <li>烏龍茶</li>
    <li>珍珠冬瓜茶</li>
    <li>青茶（無糖）</li>
</ul>
```

</td><td>

必喝飲料

- 珍珠奶茶
- 招牌紅茶
- 烏龍茶
- 珍珠冬瓜茶
- 青茶（無糖）

</td></tr>
</table>

(2) 有排序項目設定

　　<ol></ol> 標籤區塊用來定義一個無排序的項目清單，<li></li> 標籤一樣用來設定個別項目。

　　設定語法為：

```
<ol>
  <li></li>
  <li></li>
  <li></li>
  ...
</ol>
```

　　我們將上述的無排序項目設定改為有排序項目，如下所示：

語法 執行結果

```
<h2>熱銷飲料</h2>
<ol>
    <li>珍珠奶茶</li>
    <li>招牌紅茶</li>
    <li>烏龍茶</li>
    <li>珍珠冬瓜茶</li>
    <li>青茶（無糖）</li>
</ol>
```

熱銷飲料

1. 珍珠奶茶
2. 招牌紅茶
3. 烏龍茶
4. 珍珠冬瓜茶
5. 青茶（無糖）

• <a> 標籤

　　你有發現本書的範例中大量應用了 <a> 標籤？ <a> 標籤又有什麼功能呢？我們可以利用 <a> 標籤定義一個連結（link），像是帶出內頁、開啓檔案、或是啓動 Email 等。

　　設定語法爲：

語法	<div class="items-list"> 　　　　<ul> 　　　　　　<li><a href="Orders.html">開立訂單</a></li> 　　　　</ul> </div>
執行結果	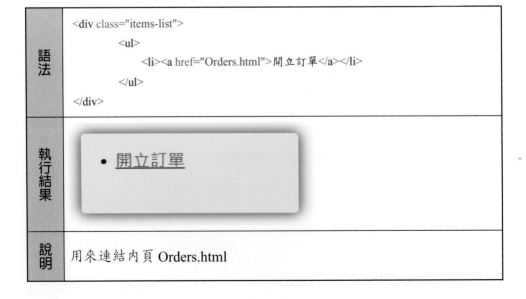
說明	用來連結內頁 Orders.html

• **Alt 屬性的功能**

你曾經在瀏覽網頁時發現原有的圖片消失了？或是根本不清楚沒有顯示卻想看的圖片究竟有著什麼內容？如果網頁設計者有考量到瀏覽者對圖片顯示發生例外事件時，能用文字說明來取代圖片會不會比較好？

Alt 屬性就是常被應用於顯示圖片的 <img> 標籤中，可以在圖片檔案被異動時、或是網路出現問題、或是其他可能原因造成圖片顯示失效時，可以用替代文字來替代圖片的功能。本章範例中的 <img> 標籤中也加了 Alt 屬性，如下所示。

```
<!--設定欲顯示的圖片 bigfootshop.gif，並設定 width & height 與 alt 屬性-->
<img src="images/bigfootshop.gif" alt="Big Foot's Shop" width="460" height="94">
```

照片連結正常時應如圖 5.8 所示。當照片連結失效時，alt="Big Foot's Shop" 的設定就派上用場了，如圖 5.9 所示。

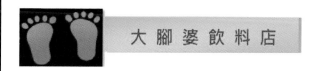

大 腳 婆 飲 料 店
Welcome to Big Foot's Beverage Shop

圖 5.8　圖檔正常顯示狀態

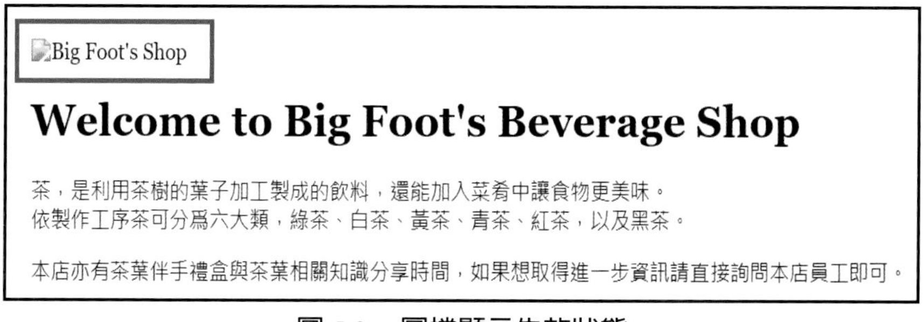
Big Foot's Shop
Welcome to Big Foot's Beverage Shop
茶，是利用茶樹的葉子加工製成的飲料，還能加入菜肴中讓食物更美味。
依製作工序茶可分爲六大類，綠茶、白茶、黃茶、青茶、紅茶，以及黑茶。
本店亦有茶葉伴手禮盒與茶葉相關知識分享時間，如果想取得進一步資訊請直接詢問本店員工即可。

圖 5.9　圖檔顯示失效狀態

5.4 完整語法

```
<!DOCTYPE html>
<html>
<head>
    <meta charset="utf-8">
    <title>Big Foot's Beverage Shop</title>
    <style>
        body {
            margin: 2em 6em;
            font-family: Georgia, "Times New Roman", Times, serif;
        }
        #news {
            float: right;
            width: 25%;
            margin: 1.5% 0 0;
            outline: 2px dashed #009554;
        }

        #main {
            float: left;
            width: 65%;
            margin: 0 5%;
        }
        .items-list {
            border-radius: 5px;
            position: absolute;
            top: 300px;
            right: 100px;
            display: inline-block;
            background-color: #eee;
```

```
                width: 250px;

                height: 100px;

                margin-right: 20px;

                box-shadow: 0px 0px 15px red;

                font-size:20px;

            }

        </style>

</head>


<body>

    <div id="main">

        <img src="images/jenskitchen.gif" alt="Jen's Kitchen banner" width="460"
            height="94">

        <h1>Welcome to Big Foot's Beverage Shop</h1>

        <p>
            茶，是利用茶樹的葉子加工製成的飲料，還能加入菜肴中讓食物更美
            味。<br>依製作工序茶可分為六大類，綠茶、白茶、黃茶、青茶、紅茶，
            以及黑茶。
         </p>

        <p>本店亦有茶葉伴手禮盒與茶葉相關知識分享時間，如果想取得進一步資
            訊請直接詢問本店員工即可。</p>


        <h2>必喝飲料</h2>

        <ul>

            <li>珍珠奶茶</li>

            <li>招牌紅茶</li>

            <li>烏龍茶</li>

            <li>珍珠冬瓜茶</li>

            <li>青茶（無糖）</li>

        </ul>


        <p>店址：桃園市中正路 xx 號</p>
```

```
        <p>電話: (03)123-0000</p>
        <p><small><b>
            Copyright 2022 &copy; Big Foot Chi-Chi
        </b></small></p>
    </div>

    <div id="news">
        <h2>最新消息</h2>
        <ul>
            <li><strong>最新優惠訊息!</strong><br /> 3/1--3/3 珍珠奶茶第二杯半
                價。<a href="foo">More...</a>
             </li>
            <li><strong>公休時間</strong><br /> 下周五 (3/10) 店休一天。<a
                href="foo">More...</a>
             </li>
        </ul>
    </div>
    <div class="items-list">
        <ul>
            <li><a href="Orders.html">開立訂單</a></li>
        </ul>
    </div>
</body>
</html>
```

範例 2：My Blog 內頁

如在本章一開始提到，在範例 2 中你將學到：

(1) 如何利用 <table></table> 建立產品 menu；以及

(2) 如何利用下拉式選單建立查價功能；以及

(3) 建立計算金額功能。

為了完成範例 2，我們要在方案總管視窗中，新增第二個網頁檔，步驟如下所示。

建立第二個網頁的步驟：

步驟 1：在右上方的「方案總管」框中，將游標移至「專案」MyShop 圖示上，點擊滑鼠右鍵，會跳出功能清單，在「加入」選項下的次項目中，點擊「新增項目」。如圖 5.10 所示。

圖 5.10 點選「新增項目」選項

步驟 2：在跳出的「新增項目 - MyShop」畫面中，在左方的「已安裝」方塊中，點選「Visual C#」項下的「Web」選項，在中間的方塊中點選「HTML頁面」，作者會將下方預設的「名稱」更改為「Orders.html」，然後點擊「新增」按鈕。如圖 5.11 所示。

圖 5.11　**點選「**HTML **頁面」選項**

步驟 3：你會在「方案總管」框中，看到 MyShop 專案下除了 MyShop.html 網頁檔之外，還新增了一個 Orders.html 網頁檔，左方一樣會自動帶出 HTML 網頁程式的架構，如圖 5.12 所示。到這個步驟就表示可以開始設計網頁囉。

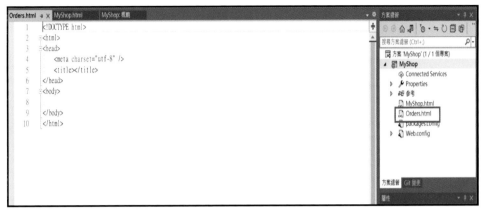

圖 5.12　　HTML **網頁編程畫面**

5.5 建立資料表

　　編寫網頁有四個步驟：

步驟 1：輸入語法

　　　　My Shop 內頁是在首頁中點擊「開立訂單」項目後，呼叫出來的第二個
　　　　頁面。

・表頭語法

```
<head>
    <meta name="viewport" content="width=device-width, initial-scale=1.0">
    <script src="https://ajax.googleapis.com/ajax/libs/angularjs/1.6.9/angular.min.js">
    </script>

    <style>
        .price:hover {
            box-shadow: 3px 8px 12px 0 rgba(0,0,0,0.4)
```

```
        }

        .calculate {
            width: 300px;
            position: fixed;
            top: 520px;
            right: 90px;
            line-height: 1.3;
            background: #9365B8;
            padding: 10px;
            color: #fff;
        }
    </style>
</head>
```

• 表身語法

本章範例將表身部分 <body></body> 再劃分為 <table></table> 以及 <form></form> ，還有利用 <select></select> 和 <option></option> 標籤實作「下拉式選單」，並利用 <input type="number"> 實作「計算金額」功能。

```
<body>
    <h1 style="text-align:center;text-decoration:underline;color:saddlebrown">
        Big Foot's Beverage Shop
    </h1>

    <div class="columns">
        <div class="price">
            <table width="40%" id="alignment" align="center"
                style="font-size:20px;">
                <tr>
```

```
            <td style="color:purple"><b>產品品項</b></td>
            <td>    </td>
            <td style="color:purple"><b> 價格 </b></td>
    </tr>
    <tr>
            <td>招牌紅茶</td>
            <td> - </td>
            <td> 40 </td>
    </tr>
    <tr>
            <td>烏龍茶</td>
            <td> - </td>
            <td>40</td>
    </tr>
    <tr>
            <td>青茶（無糖）</td>
            <td> - </td>
            <td>40</td>
    </tr>
    <tr>
            <td>咖啡</td>
            <td> - </td>
            <td>40</td>
    </tr>
    <tr>
            <td>珍珠冬瓜茶</td>
            <td> - </td>
            <td>45</td>
    </tr>
    <tr>
            <td>珍珠奶茶</td>
```

```
                    <td> - </td>
                    <td>55</td>
                </tr>
                <tr>
                    <td>冰淇淋紅茶</td>
                    <td> - </td>
                    <td> 55 </td>
                </tr>
                <tr>
            </table>
        </div>
    </div>
    <hr />

    <div class="columns">
        <div class="price">
            <table width="40%" id="alignment" align="center"
                style="font-size:20px;">
                <tr>
                    <td style="color:purple"><b>產品品項</b></td>
                    <td>    </td>
                    <td style="color:purple"><b> 價格 </b></td>
                </tr>
                <tr>
                    <td>冰淇淋蛋糕</td>
                    <td> - </td>
                    <td> 55 </td>
                </tr>
                <tr>
                    <td>招牌蛋糕</td>
                    <td> - </td>
                    <td> 55 </td>
```

```
                </tr>
                <tr>
                    <td>黃金起司</td>
                    <td> - </td>
                    <td> 199 </td>
                </tr>
                <tr>
                    <td>水果蛋糕</td>
                    <td> - </td>
                    <td> 200 </td>
                </tr>
            </table>
        </div>
    </div>
    <hr />

    <div class="columns">
        <FORM Name="myform">
            <table align="center">
                <tr> <th style="font-size:20px"> 查　　價 </th>
                <tr>
                    <td>
                        <SELECT NAME="pItem1" style="font-size:20px"
                            onChange="calculatePrice()" id="memoryItem">
                        <OPTION value="0">
                            --請選擇產品項目—
                        </OPTION>
                        <OPTION value="1">
                            招牌紅茶        40
                        </OPTION>
                        <OPTION value="2">
                            烏龍茶          40
```

```
                              </OPTION>
                              <OPTION value="3">
                                      青茶（無糖）  40
                              </OPTION>
                              <OPTION value="4">
                                      咖啡          40
                              </OPTION>
                              <OPTION value="5">
                                      珍珠冬瓜茶    45
                              </OPTION>
                              <OPTION value="6">
                                      珍珠奶茶      55
                              </OPTION>
                              <OPTION value="4">
                                      冰淇淋紅茶    55
                              </OPTION>
                              <OPTION value="5">
                                      冰淇淋蛋糕    55
                              </OPTION>
                              <OPTION value="6">
                                      招牌蛋糕      55
                              </OPTION>
                              <OPTION value="7">
                                      黃金起司      199
                              </OPTION>
                              <OPTION value="8">
                                      水果蛋糕      200
                              </OPTION>
                      </SELECT>
                  </td>
              </tr>
          </table>
```

```
        </FORM>

        <div class="calculate" data-ng-app="" data-ng-init="quantity=1;price=40"
            style="font-size:20px">
            購買數量: <input type="number" ng-model="quantity"
                            style="font-size:20px;"><br>
            價  格: <input type="number" ng-model="price"
                            style="font-size:20px">
            <p><b>總金額:</b> {{quantity * price}}</p>
        </div>
    </div>
</body>
```

步驟 2：儲存語法一般而言，作者在撰寫程式時會隨時進行儲存的動作，以避免
一時疏忽而沒有保留到最新的檔案。那麼該如何進行語法的儲存呢？如
圖 5.13 所示，在上方的功能列中有兩個磁碟片的圖示，都是用來儲存
語法的：

(1) 右方只有一張磁碟的圖示，是只儲存 .html 網頁檔；

(2) 右方兩張磁碟疊在一起的圖示，除了能儲存 .html 網頁檔之外，還將
專案檔與方案檔一併儲存，當然也將關聯性也儲存了。

圖 5.13　**儲存語法**

步驟 3：執行程式以檢視是否能正確呈現結果

語法編輯完成，自然就是驗證結果的正確性與否。你可以直接按鍵盤上
的 F5 按鈕執行程式，或是在上方的功能列上找到一個綠色的三角形圖
示，如圖 5.14 所示，點擊它即可執行程式。

圖 5.14 執行網頁

步驟 4：呈現成果

圖 5.15 即是網頁執行成果。

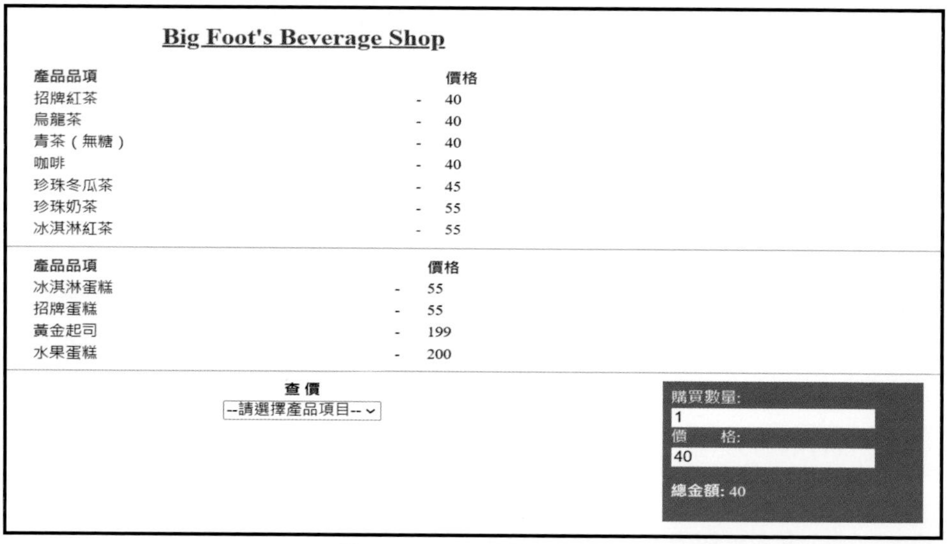

圖 5.15 程式執行結果

確定程式沒問題後，想結束程式，可以直接點擊執行畫面右上方的 ⊠ 圖示，即可結束程式，如圖 5.16 所示。或者在編輯環境的上方功能列中找出紅色的正方形，如圖 5.16 所示，直接點擊它也能結束執行中的程式。

圖 5.16　**結束執行程式的圖示**

5.6 HTML 語法

本範例利用 "<!-- " "-->" 註解符號說明語法，他可以直接新增在語法中，且以綠色顯示。解析器在讀取註解說明時並不會執行他，因此不會造成語法解析的問題。

• 表頭語法

引用框架

```
<head>
    <!--通過設置 viewport 以控制螢幕的寬度和縮放比例。-->
    <meta name="viewport" content="width=device-width, initial-scale=1.0">
    <!--引用 angular 框架-->
    <script src="https://ajax.googleapis.com/ajax/libs/angularjs/1.6.9/angular.min.js">
     </script>
</head>
```

設定表身樣式

```
<!--設定商品表格的特效與計算金額區塊的樣式-->
<style>
    .price:hover {
        box-shadow: 3px 8px 12px 0 rgba(0,0,0,0.4)
    }
```

```css
    .calculate {
        width: 300px;
        position: fixed;
        top: 520px;
        right: 90px;
        line-height: 1.3;
        background: #9365B8;
        padding: 10px;
        color: #fff;
    }
</style>
```

- 表身語法

「計算金額」功能

```html
<!--設定計算金額功能--> <!--設定變數初值:數量為 1,價格為 40-->
<div class="calculate" data-ng-app="" data-ng-init="quantity=1;price=40"
    style="font-size:20px">
    <!--設定數量與金額欄位為數值型態-->
    購買數量: <input type="number" ng-model="quantity" style="font-size:20px;"><br>
    價  格: <input type="number" ng-model="price" style="font-size:20px">
    <!--總金額=數量*價格-->
    <p><b>總金額:</b> {{quantity * price}}</p>
</div>
```

網頁標題

```html
<!--設店名為網頁標題-->
<h1 style="text-align:center;text-decoration:underline;color:saddlebrown">
    Big Foot's Beverage Shop
</h1>
```

飲料類商品清單

```
<!--設定飲料類清單-->
    <div class="columns">
        <div class="price">
            <!--表格寬 40%，置中顯示，字型大小為 20px-->
            <table width="40%" id="alignment" align="center"
                style="font-size:20px;">
                <!--表格標題-->
                <tr>
                    <td style="color:purple"><b>產品品項</b></td>
                    <td    </td>
                    <td style="color:purple"><b> 價格 </b></td>
                </tr>
                <!--表格欄位值-->
                <tr>
                    <td>招牌紅茶</td>
                    <td> - </td>
                    <td> 40 </td>
                </tr>
                <tr>
                    <td>烏龍茶</td>
                    <td> - </td>
                    <td>40</td>
                </tr>
                <tr>
                    <td>青茶（無糖）</td>
                    <td> - </td>
                    <td>40</td>
                </tr>
                <tr>
```

```
                    <td>咖啡</td>
                    <td> - </td>
                    <td>40</td>
                </tr>
                <tr>
                    <td>珍珠冬瓜茶</td>
                    <td> - </td>
                    <td>45</td>
                </tr>
                <tr>
                    <td>珍珠奶茶</td>
                    <td> - </td>
                    <td>55</td>
                </tr>
                <tr>
                    <td>冰淇淋紅茶</td>
                    <td> - </td>
                    <td> 55 </td>
                </tr>
                <tr>
            </table>
        </div>
    </div>
    <hr />
```

點心類商品清單

```
<!--設定點心類清單-->
<div class="columns">
    <div class="price">
        <!--表格寬 40%，置中顯示，字型大小為 20px-->
```

```html
<table width="40%" id="alignment" align="center" style="font-size:20px;">
    <!--表格標題-->
    <tr>
        <td style="color:purple"><b>產品品項</b></td>
        <td>    </td>
        <td style="color:purple"><b> 價格 </b></td>
    </tr>
    <!--表格欄位值-->
    <tr>
        <td>冰淇淋蛋糕</td>
        <td> - </td>
        <td> 55 </td>
    </tr>
    <tr>
        <td>招牌蛋糕</td>
        <td> - </td>
        <td> 55 </td>
    </tr>
    <tr>
        <td>黃金起司</td>
        <td> - </td>
        <td> 199 </td>
    </tr>
    <tr>
        <td>水果蛋糕</td>
        <td> - </td>
        <td> 200 </td>
    </tr>
</table>
    </div>
</div>
<hr />
```

下拉式選單

```
<!--設定下拉式選單查價功能-->
<div class="columns">
    <!--下拉式選單一般放在form 中-->
    <FORM Name="myform">
        <!--下拉式選單置中顯示-->
        <table align="center">
            <tr> <th style="font-size:20px"> 查    價 </th>
            <tr>
                <td>
                    <SELECT NAME="pItem1" style="font-size:20px"
                            onChange="calculatePrice()" id="memoryItem">
                        <OPTION value="0"> --請選擇產品項目-- </OPTION>
                        <OPTION value="1"> 招牌紅茶        40  </OPTION>
                        <OPTION value="2"> 烏龍茶          40  </OPTION>
                        <OPTION value="3"> 青茶（無糖）   40  </OPTION>
                        <OPTION value="4"> 咖啡            40  </OPTION>
                        <OPTION value="5"> 珍珠冬瓜茶      45  </OPTION>
                        <OPTION value="6"> 珍珠奶茶        55  </OPTION>
                        <OPTION value="4"> 冰淇淋紅茶      55  </OPTION>
                        <OPTION value="5"> 冰淇淋蛋糕      55  </OPTION>
                        <OPTION value="6"> 招牌蛋糕        55  </OPTION>
                        <OPTION value="7"> 黃金起司        199 </OPTION>
                        <OPTION value="8"> 水果蛋糕        200 </OPTION>
                    </SELECT>
                </td>
            </tr>
        </table>
    </FORM>
</div>
```

表身語法所設定的網頁表身，如圖 5.17 所示。

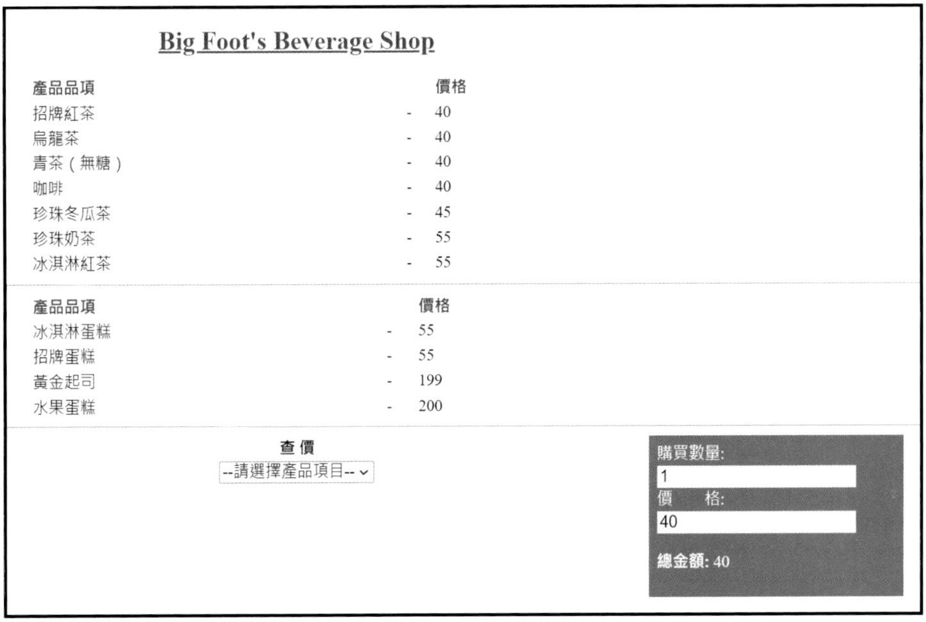

圖 5.17　網頁表身設定

5.7 補充語法

・表格應用

　　表格的應用非常廣泛，HTML 也有 <table></table> 標籤做為表格的容器（container），容器中則可以利用 <tr></tr> 畫出記錄，以及利用 <td></td> 畫出欄位。

設定語法：

```
<table>
    <tr>
    <td></td>
    </tr>
</table>
```

本範例中應用的例子如圖 5.18 所示，圖 5.19 則為執行結果。如果你在 <table></table> 標籤中加入 border（框線）就會明顯很多，也可以利用 border-style 屬性改變框線的樣式。

```
<div class="columns">
        <div class="price">
            <table width="40%" id="alignment" align="center"
                    style="font-size:20px;">
            <tr>
                <td style="color:purple"><b>產品品項</b></td>
                <td>    </td>
                <td style="color:purple"><b> 價格 </b></td>
            </tr>
             <tr>
                <td>冰淇淋蛋糕</td>
                <td> - </td>
                <td> 55 </td>
            </tr>
            <tr>
                <td>招牌蛋糕</td>
                <td> - </td>
                <td> 55 </td>
            </tr>
            <tr>
```

```
                    <td>黃金起司</td>
                    <td> - </td>
                    <td> 199 </td>
                </tr>
                <tr>
                    <td>水果蛋糕</td>
                    <td> - </td>
                    <td> 200 </td>
                </tr>
            </table>
        </div>
    </div>
<hr />
```

圖 5.18　應用 <table></table> 標籤語法

產品品項		價格
冰淇淋蛋糕	-	55
招牌蛋糕	-	55
黃金起司	-	199
水果蛋糕	-	200

圖 5.19　應用 <table></table> 標籤執行成果

・下拉式選單

　　應用下拉式選單是系統中常見的功能之一，它讓使用者省去查詢與輸入的時間。而你可以利用 <select></select> 和 <option></option> 實作，一般會放置表單（form）中。

設定語法：

```
<form>
<select>
    <option value></option>
    ...
</select>
</form>
```

本範例中應用的例子如圖 5.20 所示，圖 5.21 則為執行結果。

```
<div class="columns">
        <FORM Name="myform">
            <table align="center">
                <tr> <th style="font-size:20px"> 查    價 </th>
                <tr>
                    <td>
                        <SELECT NAME="pItem1" style="font-size:20px"
                            onChange="calculatePrice()" id="memoryItem">
                        <OPTION value="0"> --請選擇產品項目-- </OPTION>
                            <OPTION value="1"> 招牌紅茶        40 </OPTION>
                            <OPTION value="2"> 烏龍茶          40 </OPTION>
                            <OPTION value="3"> 青茶（無糖）    40 </OPTION>
                            <OPTION value="4"> 咖啡            40 </OPTION>
                            <OPTION value="5"> 珍珠冬瓜茶      45 </OPTION>
                            <OPTION value="6"> 珍珠奶茶        55 </OPTION>
                            <OPTION value="7"> 冰淇淋紅茶      55 </OPTION>
                            <OPTION value="8"> 冰淇淋蛋糕      55 </OPTION>
                            <OPTION value="9"> 招牌蛋糕        55 </OPTION>
                            <OPTION value="10"> 黃金起司       199 </OPTION>
                            <OPTION value="11"> 水果蛋糕       200 </OPTION>
                        </SELECT>
                    </td>
                </tr>
            </table>
        </FORM>
</div>
```

圖 5.20   下拉式選單語法

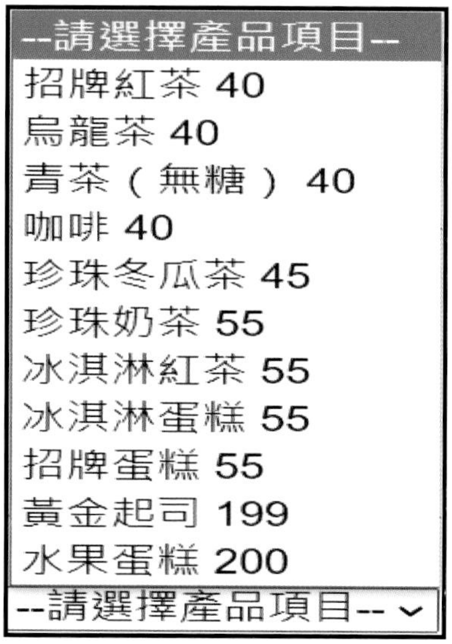

圖 5.21　下拉式選單執行成果

5.8 完整語法

```
<!DOCTYPE html>
<html>
<head>
    <meta name="viewport" content="width=device-width, initial-scale=1.0">
    <script src="https://ajax.googleapis.com/ajax/libs/angularjs/1.6.9/angular.min.js">
    </script>
    <style>
            .price:hover {
                box-shadow: 3px 8px 12px 0 rgba(0,0,0,0.4)
            }
        .calculate {
```

```
                width: 300px;
                position: fixed;
                top: 520px;
                right: 90px;
                line-height:1.3;
                background: #9365B8;
                padding: 10px;
                color: #fff;
            }
        </style>
    </head>
    <body>
        <h1 style="text-align:center;text-decoration:underline;color:saddlebrown"> Big
            Foot's Beverage Shop</h1>
            <div class="columns">
                <div class="price">
                    <table width="40%" id="alignment" align="center"
                        style="font-size:20px;">
                        <tr>
                            <td style="color:purple"><b>產品品項</b></td>
                            <td>   </td>
                            <td style="color:purple"><b> 價格 </b></td>
                        </tr>
                        <tr>
                            <td>招牌紅茶</td>
                            <td> - </td>
                            <td> 40 </td>
                        </tr>
                        <tr>
                            <td>烏龍茶</td>
                            <td> - </td>
```

```
                    <td>40</td>
                </tr>
                <tr>
                    <td>青茶（無糖）</td>
                    <td> - </td>
                    <td>40</td>
                </tr>
                <tr>
                    <td>咖啡</td>
                    <td> - </td>
                    <td>40</td>
                </tr>
                <tr>
                    <td>珍珠冬瓜茶</td>
                    <td> - </td>
                    <td>45</td>
                </tr>
                <tr>
                    <td>珍珠奶茶</td>
                    <td> - </td>
                    <td>55</td>
                </tr>
                <tr>
                    <td>冰淇淋紅茶</td>
                    <td> - </td>
                    <td> 55 </td>
                </tr>
                <tr>
            </table>
        </div>
    </div>
<hr />
```

```
<div class="columns">
    <div class="price">
        <table width="40%" id="alignment" align="center"
        style="font-size:20px;">
            <tr>
                <td style="color:purple"><b>產品品項</b></td>
                <td>   </td>
                <td style="color:purple"><b> 價格 </b></td>
            </tr>
            <tr>
                <td>冰淇淋蛋糕</td>
                <td> - </td>
                <td> 55 </td>
            </tr>
            <tr>
                <td>招牌蛋糕</td>
                <td> - </td>
                <td> 55 </td>
            </tr>
            <tr>
                <td>黃金起司</td>
                <td> - </td>
                <td> 199 </td>
            </tr>
            <tr>
                <td>水果蛋糕</td>
                <td> - </td>
                <td> 200 </td>
            </tr>
        </table>
```

```
            </div>
        </div>
    <hr />

<div class="columns">
    <FORM Name="myform">
        <table align="center">
            <tr> <th style="font-size:20px"> 查     價 </th>
            <tr>
                <td>
                <SELECT NAME="pItem1" style="font-size:20px"
                        onChange="calculatePrice()" id="memoryItem">
                    <OPTION value="0"> --請選擇產品項目--    </OPTION>
                    <OPTION value="1"> 招牌紅茶        40    </OPTION>
                    <OPTION value="2"> 烏龍茶         40    </OPTION>
                    <OPTION value="3"> 青茶（無糖）   40    </OPTION>
                    <OPTION value="4"> 咖啡          40    </OPTION>
                    <OPTION value="5"> 珍珠冬瓜茶     45    </OPTION>
                    <OPTION value="6"> 珍珠奶茶       55    </OPTION>
                    <OPTION value="7"> 冰淇淋紅茶     55    </OPTION>
                    <OPTION value="8"> 冰淇淋蛋糕     55    </OPTION>
                    <OPTION value="9"> 招牌蛋糕       55    </OPTION>
                    <OPTION value="10"> 黃金起司      199   </OPTION>
                    <OPTION value="11"> 水果蛋糕      200   </OPTION>
                </SELECT>
                </td>
            </tr>
        </table>
    </FORM>
```

```
        <div class="calculate" data-ng-app="" data-ng-init="quantity=1;price=40"
            style="font-size:20px">
        購買數量: <input type="number" ng-model="quantity"
            style="font-size:20px;"><br>
        價  格: <input type="number" ng-model="price"
            style="font-size:20px">
            <p><b>總金額:</b> {{quantity * price}}</p>
        </div>


    </div>
</body>
</html>
```

第六章　會員註冊網頁

範例說明：

　　因為科技技術的進展使得各組織都相當重視顧客資料的蒐集，無論是不具名資料或具名資料都能提供相當程度的價值與意義，尤其是從中能分析出潛在客戶與客戶的貢獻度等資訊。像利用會員管理系統，就能透過條件的觸發主動提供會員專屬的資訊，像是生日招待、雙 12 特定時段 1 折等，以避免人員處理的疏忽而錯失交易的機會。

　　第六章就來敘述如何應用兩個網頁檔實作會員註冊網頁，也就是除了登入首頁之外，還能針對新會員提供註冊網頁功能。故第六章切割成範例 1 與範例 2 分別說明，如圖 6.1 為範例 1：login 首頁，圖 6.2 範例 2：註冊網頁。

圖 6.1　範例 1：login 首頁

圖 6.2　範例 2：註冊網頁

在範例 1 中你將學到：

(1) 如何利用 font awesome 網站提供的向量檔案提高可讀性；以及

(2) 如何利用 JavaScript 查核帳號 & 密碼功能。

在範例 2 中你將學到：

(1) 如何利用 radio button 建立單選項目；

(2) 如何利用 checkbox button 建立多選項目；以及

(3) 整合已經學習過的標籤建立註冊網頁。

還記得如何開啟 VS 平臺的編程環境嗎？如果還不熟悉就參考第三章或第四章的內容，從第五章開始就不再列出「開啟網頁編輯環境的步驟」。就讓我們開始吧。

範例 1：login 首頁

6.1 建立資料表

編寫網頁有四個步驟：

步驟 1： 輸入語法本範例一樣列出網頁的表頭與表身語法，並依目的劃分區塊以讓讀者們能更了解本範例的實作步驟。其中，因為樣式設定語法較長，所以獨立為 StyleSheet1.css，在表頭語法中則以引用外部檔案方式處理，以增加語法的可讀性。

• 表頭語法

```
<head>
    <title>會員登入網頁</title>

    <link href=https://fonts.googleapis.com/css?family=Roboto:300,400,500,700
        rel="stylesheet">
    <link rel="stylesheet" href="https://use.fontawesome.com/releases/v5.4.1/css/all.css"
        integrity="sha384-5sAR7xN1Nv6T6+dT2mhtzEpVJvfS3NScPQTrOxhwjIuvcA
        67KV2R5Jz6kr4abQsz" crossorigin="anonymous">
    <link rel="stylesheet" type="text/css" href="StyleSheet1.css">

    <script type="text/javascript">
        function logIn() {
            var username = document.getElementById("username").value;
            var password = document.getElementById("password").value;
            if (username === "Admin" && password === "123") {
                window.location = "https://google.com";
```

```
                }
                else {
                        alert('輸入資料有誤');
                }
        }
    </script>
</head>
```

- **StyleSheet1.css**

```
html, body {
        display: flex;
        justify-content: center;
        height: 100%;
}

body, div, h1, form, input, p {
        padding: 0;
        margin: 0;
        outline: none;
        font-family: Roboto, Arial, sans-serif;
        font-size: 16px;
        color: #666;
}

h1 {
        padding: 10px 0;
        font-size: 32px;
        font-weight: 300;
        text-align: center;
}
```

```css
p {
    font-size: 20px;
}

hr {
    color: black;
    opacity: 0.4;
}

.main-block {
    max-width: 340px;
    min-height: 250px;
    padding: 10px 0;
    margin: auto;
    border-radius: 5px;
    border: solid 1px #ccc;
    box-shadow: 1px 2px 5px rgba(0,0,0,.31);
    background: #ebebeb;
}

form {
    margin: 0 30px;
}

input[type=text], input[type=password] {
    width: calc(100% - 57px);
    height: 36px;
    margin: 13px 0 0 -5px;
    padding-left: 10px;
    border-radius: 0 5px 5px 0;
    border: solid 1px #cbc9c9;
```

```css
    box-shadow: 1px 2px 5px rgba(0,0,0,.09);
    background: #fff;
}

input[type=password] {
    margin-bottom: 10px;
}

#icon {
    display: inline-block;
    padding: 9.3px 15px;
    box-shadow: 1px 2px 5px rgba(0,0,0,.09);
    background: #1c87c9;
    color: #fff;
    text-align: center;
}

.btn-block {
    margin-top: 10px;
    text-align: center;
}

button {
    width: 50%;
    padding: 10px 0;
    margin: 10px auto;
    border-radius: 5px;
    border: none;
    background: #1c87c9;
    font-size: 14px;
    font-weight: 600;
    color: #fff;
```

```
        font-size: 20px;
}
button:hover {
        background: #26a9e0;
}
```

- 表身語法

　　本章範例的表身呈現內容有「姓名」與「密碼」兩項由使用者輸入的文字方塊，以及兩個按鈕：一個登入按鈕，與一個註冊按鈕。

```
<body>
    <div class="main-block">
        <h1><b>會員登入</b></h1>
        <hr>

        <form>
            <label id="icon" for="username"><i class="fas fa-user"></i></label>
            <input type="text" name="username" id="username" placeholder="姓名"
                required />

            <label id="icon" for="password"><i class="fa fa-key"></i></label>
            <input type="password" name="password" id="password" placeholder="密碼"
                required />
            <hr>

            <div class="btn-block">
                <button type="button" onclick="logIn()">登入</button>
```

```
            <button type="submit" onclick="location.href='registration.html'">
                註冊
            </button>
        </div>
    </form>
</div>
</body>
```

步驟 2： 儲存語法

一般而言，作者在撰寫程式時會隨時進行儲存的動作，以避免一時疏忽
而沒有保留到最新的檔案。那麼該如何進行語法的儲存呢？如圖 6.3 所
示，在上方的功能列中有兩個磁碟片的圖示，都是用來儲存語法的：

(1) 右方只有一張磁碟的圖示，是只儲存 .html 網頁檔；

(2) 右方兩張磁碟疊在一起的圖示，除了能儲存 .html 網頁檔之外，還將
專案檔、參照檔與方案檔一併儲存，當然也將關聯性也儲存了。

圖 6.3　儲存語法

步驟 3： 執行程式以檢視是否能正確呈現結果

語法編輯完成，自然就是驗證結果的正確性與否。你可以直接按鍵盤上
的 F5 按鈕執行程式，或是在上方的功能列上找到一個綠色的三角形圖
示，如圖 6.4 所示，點擊它即可執行程式。

圖 6.4　執行網頁

步驟 4：呈現成果

圖 6.5 即是網頁執行成果。

圖 6.5　程式執行結果

確定程式沒問題後，想結束程式，可以直接點擊執行畫面右上方的 ⊠ 圖示，即可結束程式，如圖 6.6 所示。或者在編輯環境的上方功能列中找出紅色的正方形，如圖 6.6 所示，直接點擊它也能結束執行中的程式。

圖 6.6　結束執行程式的圖示

6.2 HTML 語法

本範例利用 "<!-- " "-->" 註解符號說明語法，他可以直接新增在語法中，且以綠色顯示。解析器在讀取註解說明時並不會執行他，因此不會造成語法解析的問題。

- 表頭語法

設定表頭標題

```
<!--設定網頁標題-->
<title>會員登入網頁</title>
```

引用樣式表

本範例除了引用 font awesome icon 與 google fonts 之外，因為本範例的樣式設定較多，故將樣式設定另外儲存為 StyleSheet1.css，在程式檔案中則利用引用外部 CSS 的方式進行連結。

```
<!--引用樣式表-->
<link href=https://fonts.googleapis.com/css?family=Roboto:300,400,500,700
      rel="stylesheet">
<link rel="stylesheet" href="https://use.fontawesome.com/releases/v5.4.1/css/all.css"
      integrity="sha384-5sAR7xN1Nv6T6+dT2mhtzEpVJvfS3NScPQTrOxhwjIuvcA67KV
      2R5Jz6kr4abQsz" crossorigin="anonymous">
<link rel="stylesheet" type="text/css" href="StyleSheet1.css">
```

查核登入帳號 & 密碼的 JavaScript

```
<!--查核帳號是否為"Admin" & 密碼是否為"123"，若是，連結 google.com；反之，
彈出提示警示 "輸入資料有誤" -->
<script type="text/javascript">
```

```
    function logIn() {
        var username = document.getElementById("username").value;
        var password = document.getElementById("password").value;
        if (username === "Admin" && password === "123") {
            window.location = "https://google.com";
        }
        else {
            alert('輸入資料有誤');
        }
    }
</script>
```

* 表身語法

　　使用者輸入「帳號」與「密碼」後，點擊「登入」按鈕，會觸發 logIn()，logIn() 方法執行的目的是查核帳號是否是 Admin，以及密碼是否是 123。若符合，會將網頁導向 google；若不符合，會彈出一個警示訊息框，並顯示「輸入資料有誤」的提示訊息。

```
<body>
    <div class="main-block">
        <!--設定標題-->
        <h1><b>會員登入</b></h1>
        <hr>

        <!—利用<form></form>建立登入介面-->
        <form>
            <label id="icon" for="username"><i class="fas fa-user"></i></label>
            <input type="text" name="username" id="username" placeholder="姓名"
```

```
            required />

    <label id="icon" for="password"><i class="fa fa-key"></i></label>
    <input type="password" name="password" id="password" placeholder="密
        碼" required />
    <hr>

<!一建立兩個按鈕,點擊「登入」即觸發 logIn();點擊「註冊」即連結註冊網頁-->
    <div class="btn-block">
        <button type="button" onclick="logIn()">登入</button>
        <button type="submit" onclick="location.href='registration.html'">
            註冊
        </button>
    </div>
</form>
</div>
</body>
```

表身語法所設定的網頁表身,如圖 6.7 所示。

圖 6.7　網頁表身設定

6.3 補充語法

- **新增 CSS 檔案的方式**

　　本範例中的樣式設定較長，在考量程式的可讀性與維護性等因素後，將樣式的設定儲存為外部檔案，再於程式檔中引用。而新增 CSS 檔案的方式跟新增 .html 檔案的步驟是一樣的，步驟如下所示：

步驟 1：在右上方的「方案總管」框中，將游標移至「專案」Login 圖示上，點擊滑鼠右鍵，會跳出功能清單，在「加入」選項下的次項目中，點擊「新增項目」。如圖 6.8 所示。

圖 6.8　點選「新增項目」選項

步驟 2：在跳出的「新增項目 - Login」畫面中，在左方的「已安裝」方塊中，點選「Visual C#」項下的「Web」選項，在中間的方塊中點選「樣式表」，作者會直接用預設的「檔案名稱」「StyleSheet1.css」，然後點擊「新增」按鈕。如圖 6.9 所示。

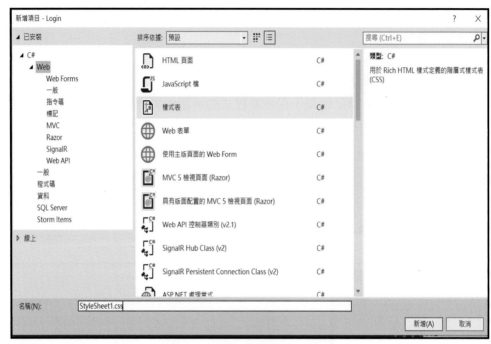

圖 6.9　點選「樣式表」選項

• 善用 Font Awesome Icon

　　什麼是 Font Awesome Icon？Font Awesome Icon 是 SVG 向量檔格式，可以任意縮放且不會出現鋸齒形的失真情況，重要的是 fontawesome.com 網站提供了兩千多個可以免費使用的 icon，如圖 6.10 所示。所以只要善用他們就可以省去不少自製的時間與費用喔。像圖 6.11 中的大頭像跟鑰匙就是利用 Font Awesome Icon 呈現的結果。

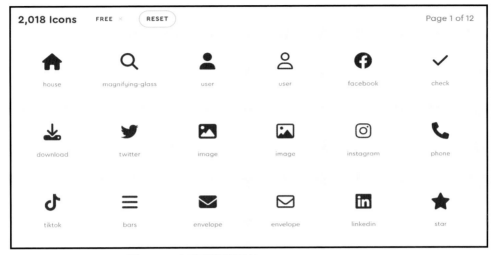

圖 6.10　**可免費使用的** Font Awesome Icon

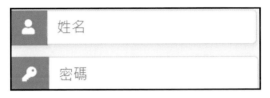

圖 6.11　**利用** Font Awesome Icon **的例子**

那麼要怎麼利用這些資源呢？利用 Font Awesome Icon 的方式有兩種：

(1) 到 fontawesome 網站下載 Font Awesome Package 程式集，網址是：https://fontawesome.com/v5/download。程式集中包含圖 6.12 中的檔案與目錄。

Files & Folders	What They Are	Where You Should Start
/css	Stylesheets for Web Fonts	all.css
/js	SVG with JavaScript	all.js
/less	Less pre-processor	fontawesome.less
/scss	Sass pre-processor	fontawesome.scss
/sprites	SVG sprites	solid.svg
/svgs	Individual SVG for each icon	individual *.svg icons
/webfonts	Web Font files used with CSS	See /css

圖 6.12　fontawesom 網站提供的資訊

(2) 引用 CSS

```html
<!DOCTYPE html>
<html>
<head>
    <link href="/your-path-to-fontawesome/css/all.css" rel="stylesheet" />
</head>
<body>
    <!--使用 solid 樣式-->
    <i class="fas fa-user"></i>
</body>
</html>
```

　　本範例中引用的方式，如下所示：

```html
<html>
<head>
    <link rel="stylesheet" href="https://use.fontawesome.com/releases/v5.4.1/css/all.css"
          integrity="sha384-5sAR7xN1Nv6T6+dT2mhtzEpVJvfS3NScPQTrOxhwjIuvcA6
          7KV2R5Jz6kr4abQsz" crossorigin="anonymous">
</head>

<body>
    <div class="main-block">
        <h1><b>會員登入</b></h1>
        <hr>

        <form>
            <label id="icon" for="username"><i class="fas fa-user"></i></label>
            <input type="text" name="username" id="username" placeholder="姓名"
                required />

            <label id="icon" for="password"><i class="fa fa-key"></i></label>
            <input type="password" name="password" id="password" placeholder="密碼"
                required />
            <hr>

            <div class="btn-block">
                <button type="button" onclick="logIn()">登入</button>
                <button type="submit" onclick="location.href='registration.html'">
                    註冊
                </button>
            </div>
        </form>
    </div>
</body>
</html>
```

6.4 完整語法

```
<!DOCTYPE html>
<html>
<head>
    <title>會員登入網頁</title>

    <link href="https://fonts.googleapis.com/css?family=Roboto:300,400,500,700"
        rel="stylesheet">
    <link rel="stylesheet" href="https://use.fontawesome.com/releases/v5.4.1/css/all.css"
        integrity="sha384-5sAR7xN1Nv6T6+dT2mhtzEpVJvfS3NScPQTrOxhwjIuvcA67
        KV2R5Jz6kr4abQsz" crossorigin="anonymous">
    <link rel="stylesheet" type="text/css" href="StyleSheet1.css">

    <script type="text/javascript">
        function logIn() {
            var username = document.getElementById("username").value;
            var password = document.getElementById("password").value;
            if (username === "Admin" && password === "123") {
                window.location = "https://google.com";
            }
            else {
                alert('輸入資料有誤');
            }
        }
    </script>
</head>

<body>
    <div class="main-block">
        <h1><b>會員登入</b></h1>
```

```
<form>
    <hr>

    <label id="icon" for="username"><i class="fas fa-user"></i></label>
    <input type="text" name="username" id="username" placeholder="姓名"
        required />

    <label id="icon" for="password"><i class="fa fa-key"></i></label>
    <input type="password" name="password" id="password" placeholder="密
        碼" required />
    <hr>

    <div class="btn-block">
        <button type="button" onclick="logIn()">登入</button>
        <button type="submit" onclick="location.href='registration.html'">註冊
            </button>
    </div>
</form>
</div>
</body>
</html>
```

範例2：註冊網頁

如在本章一開始提到，在範例2中你將學到：

(1) 如何利用 radio button 建立單選項目；

(2) 如何利用 checkbox button 建立多選項目；以及

(3) 整合已經學習過的標籤建立註冊網頁。

為了完成範例2，我們要在方案總管視窗中，新增第二個網頁檔，步驟如下所示。

建立第二個網頁的步驟：

步驟1：在右上方的「方案總管」框中，將游標移至「專案」Login 圖示上，點擊滑鼠右鍵，會跳出功能清單，在「加入」選項下的次項目中，點擊「新增項目」。如圖 6.13 所示。

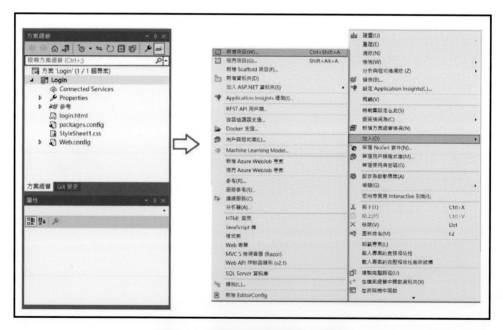

圖 6.13　　點選「新增項目」選項

步驟 2：在跳出的「新增項目 - Login」畫面中，在左方的「已安裝」方塊中，
點選「Visual C#」項下的「Web」選項，在中間的方塊中點選「HTML
頁面」，作者會將下方預設的「名稱」更改為「registration.html」，然
後點擊「新增」按鈕。如圖 6.14 所示。

圖 6.14　**點選「HTML 頁面」選項**

步驟 3：你會在「方案總管」框中，看到 Login 專案下除了 login.html 網頁檔
之外，還新增了一個 registration.html 網頁檔，左方一樣會自動帶出
HTML 網頁程式的架構，如圖 6.15 所示。到這個步驟就表示可以開始
設計網頁囉。

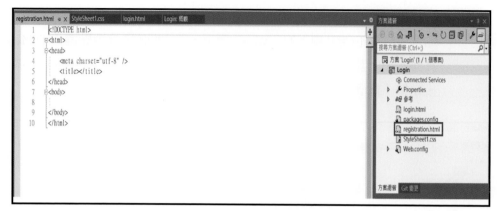

圖 6.15　HTML 網頁編程畫面

6.5 建立資料表

　　編寫網頁有四個步驟：

步驟 1：輸入語法

　　　　Registration 網頁是在 login 登入首頁中，發現自己沒有可使用的帳號與
　　　　密碼，所以點擊「註冊」按鈕，呼叫出來的第二個頁面。

* 表頭語法

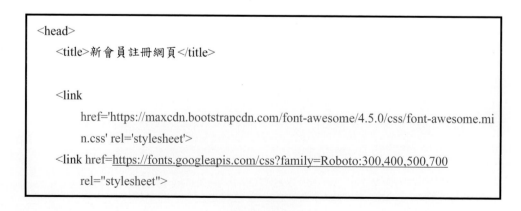

```
    <link href="https://use.fontawesome.com/releases/v5.4.1/css/all.css"
        integrity="sha384-5sAR7xN1Nv6T6+dT2mhtzEpVJvfS3NScPQTrOxhwjIuvcA6
        7KV2R5Jz6kr4abQsz" crossorigin="anonymous" rel="stylesheet">
    <link rel="stylesheet" type="text/css" href="StyleSheet2.css">
</head>
```

- **StyleSheet2.css**

```
html, body {
    display: flex;
    justify-content: center;
    height: 100%;
}

body, div, h1, form, input, p, select {
    padding: 0;
    margin: 0;
    outline: none;
    font-family: Roboto, Arial, sans-serif;
    font-size: 16px;
    color: #666;
}

h1 {
    padding: 10px 0;
    font-size: 32px;
    font-weight: 300;
    text-align: center;
}
```

```css
p {
    font-size: 20px;
}

hr {
    color: black;
    opacity: 0.4;
}

.main-block {
    max-width: 500px;
    min-height: 460px;
    padding: 10px 0;
    margin: auto;
    border-radius: 5px;
    border: solid 1px #ccc;
    box-shadow: 1px 2px 5px rgba(0,0,0,.31);
    background: #ebebeb;
}

form {
    margin: 0 30px;
}

input[type=radio] {
    display: none;
}

label.radio, label.checkbox {
    position: relative;
```

```
        display: inline-block;
        padding-top: 4px;
        margin-right: 20px;
        text-indent: 30px;
        overflow: visible;
        cursor: pointer;
}

label.radio:before {
        content: "";
        position: absolute;
        top: 2px;
        left: 0;
        width: 20px;
        height: 20px;
        border-radius: 50%;
        background: #1c87c9;
}

label.radio:after
        content: "";
        position: absolute;
        width: 9px;
        height: 4px;
        top: 8px;
        left: 4px;
        border: 3px solid #fff;
        border-top: none;
        border-right: none;
        transform: rotate(-45deg);
        opacity: 0;
```

```css
}

input[type=radio]:checked + label:after {
    opacity: 1;
}

input[type=text], input[type=password] {
    width: calc(100% - 57px);
    height: 36px;
    margin: 13px 0 0 -5px;
    padding-left: 10px;
    border-radius: 0 5px 5px 0;
    border: solid 1px #cbc9c9;
    box-shadow: 1px 2px 5px rgba(0,0,0,.09);
    background: #fff;
}

input[type=password] {
    margin-bottom: 10px;
}

#icon {
    display: inline-block;
    padding: 9.3px 15px;
    box-shadow: 1px 2px 5px rgba(0,0,0,.09);
    background: #1c87c9;
    color: #fff;
    text-align: center;
}
```

```
.btn-block {
    margin-top: 10px;
    text-align: center;
}

button {
    width: 40%;
    padding: 10px 0;
    margin: 10px auto;
    border-radius: 5px;
    border: none;
    background: #1c87c9;
    font-size: 15px;
    font-weight: 600;
    color: #ffffff;
    font-size: 20px;
}

button:hover {
    background: #26a9e0;
}

input.checkbox {
    width: 16px;
    height: 16px;
}
```

- 表身語法

```
<body>

    <div class="main-block">

    <h1><b>會員快速註冊單</b></h1>

    <form action="/">
    <hr>
        <label id="icon" for="name"><i class="fas fa-envelope"></i></label>
        <input type="text" name="name" id="txtValue1" placeholder="Email"
            required />
        <label id="icon" for="name"><i class="fas fa-user"></i></label>
        <input type="text" name="name" id="txtValue2" placeholder="姓名"
            required />

        <label id="icon" for="name"><i class="fa fa-key"></i></label>
        <input type="password" name="name" id="name" placeholder="密碼"
            required />

        <label id="icon" for="name"><i class="fa fa-bank"></i></label>
        <select id="年收入" name="年收入" required>
            <option value="" selected="selected">年收入</option>
            <option value="A">A: 50 萬以內</option>
            <option value="B">B: 51-100 萬以內</option>
            <option value="C">C: 100 萬以上</option>
        </select>
        <hr>

        <div class="gender">
```

```
                <input type="radio" value="none" id="male" name="gender" checked />
                <label for="male" class="radio">男性</label>
                <input type="radio" value="none" id="female" name="gender" />
                <label for="female" class="radio">女性</label>
            </div>
            <hr>


            <fieldset>
                <legend>嗜好</legend>
                <div>
                    <label class="checkbox">
                        <input type="checkbox" class="checkbox" checked>音樂
                    </label>
                    <label class="checkbox">
                        <input type="checkbox" class="checkbox">運動
                    </label>
                    <label class="checkbox">
                        <input type="checkbox" class="checkbox">旅行
                    </label>
                    <label class="checkbox">
                        <input type="checkbox" class="checkbox">閱讀
                    </label>
                </div>
            </fieldset>

            <div class="btn-block">
                <button type="submit" id="btnReg">註冊</button>
            </div>
        </form>
    </div>
</body>
```

步驟 2：儲存語法一般而言，作者在撰寫程式時會隨時進行儲存的動作，以避免一時疏忽而沒有保留到最新的檔案。那麼該如何進行語法的儲存呢？如圖 6.16 所示，在上方的功能列中有兩個磁碟片的圖示，都是用來儲存語法的：

(1) 右方只有一張磁碟的圖示，是只儲存 .html 網頁檔；

(2) 右方兩張磁碟疊在一起的圖示，除了能儲存 .html 網頁檔之外，還將專案檔與方案檔一併儲存，當然也將關聯性也儲存了。

圖 6.16　儲存語法

步驟 3：執行程式以檢視是否能正確呈現結果

語法編輯完成，自然就是驗證結果的正確性與否。你可以直接按鍵盤上的 F5 按鈕執行程式，或是在上方的功能列上找到一個綠色的三角形圖示，如圖 6.17 所示，點擊它即可執行程式。

圖 6.17　執行網頁

步驟 4：呈現成果

圖 6.18 即是網頁執行成果。

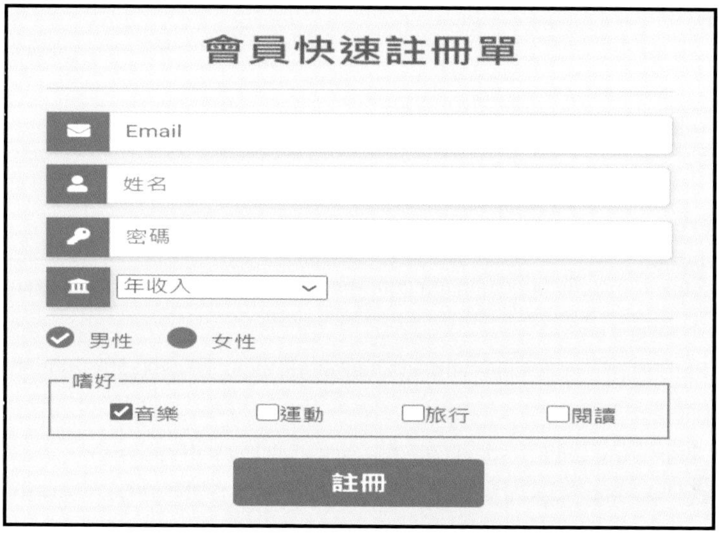

會員快速註冊單

	Email
	姓名
	密碼
	年收入

◉ 男性　　◯ 女性

嗜好
☑音樂　　☐運動　　☐旅行　　☐閱讀

註冊

圖 6.18　　**程式執行結果**

確定程式沒問題後，想結束程式，可以直接點擊執行畫面右上方的 ☒ 圖示，即可結束程式，如圖 6.19 所示。或者在編輯環境的上方功能列中找出紅色的正方形，如圖 6.19 所示，直接點擊它也能結束執行中的程式。

圖 6.19　　**結束執行程式的圖示**

6.6 HTML 語法

本範例利用 "<!-- " "-->" 註解符號說明語法，他可以直接新增在語法中，且以綠色顯示。解析器在讀取註解說明時並不會執行他，因此不會造成語法解析的問題。

- 表頭語法

表頭標題

```
<title>新會員註冊網頁</title>
```

設定表身樣式

```
<link href='https://maxcdn.bootstrapcdn.com/font-awesome/4.5.0/css/font-awesome.min.css'
    rel='stylesheet'>
<link href=https://fonts.googleapis.com/css?family=Roboto:300,400,500,700
    rel="stylesheet">
<link href="https://use.fontawesome.com/releases/v5.4.1/css/all.css"
    integrity="sha384-5sAR7xN1Nv6T6+dT2mhtzEpVJvfS3NScPQTrOxhwjIuvcA67KV2
    R5Jz6kr4abQsz" crossorigin="anonymous" rel="stylesheet">
<link rel="stylesheet" type="text/css" href="StyleSheet2.css">
```

- 表身語法

註冊單標題

```
<h1><b>會員快速註冊單</b></h1>
```

設定使用者輸入項目

```
<!--設定註冊單輸入項目-->
<label id="icon" for="name"><i class="fas fa-envelope"></i></label>
<input type="text" name="name" id="txtValue1" placeholder="Email" required />
<label id="icon" for="name"><i class="fas fa-user"></i></label>
<input type="text" name="name" id="txtValue2" placeholder="姓名" required />

<label id="icon" for="name"><i class="fa fa-key"></i></label>
<input type="password" name="name" id="name" placeholder="密碼" required />
```

建立年收入選項

```
<!--用下拉式選單建立年收入選項-->
<label id="icon" for="name"><i class="fa fa-bank"></i></label>
<select id="年收入" name="年收入" required>
        <option value="" selected="selected">年收入</option>
        <option value="A">A: 50 萬以內</option>
        <option value="B">B: 51-100 萬以內</option>
        <option value="C">C: 100 萬以上</option>
</select>
```

建立性別選項

```
<!--用 radio button 單選按鈕建立性別選項-->
<div class="gender">
    <input type="radio" value="none" id="male" name="gender" checked />
    <label for="male" class="radio">男性</label>
    <input type="radio" value="none" id="female" name="gender" />
    <label for="female" class="radio">女性</label>
</div>
```

建立嗜好選項

```
<fieldset>
    <legend>嗜好</legend>
    <div>
        <!--用 checkbox button 多選按鈕建立嗜好選目-->
        <label class="checkbox">
            <input type="checkbox" class="checkbox" checked>音樂
        </label>
        <label class="checkbox">
            <input type="checkbox" class="checkbox">運動
```

```
        </label>
        <label class="checkbox">
            <input type="checkbox" class="checkbox">旅行
        </label>
        <label class="checkbox">
            <input type="checkbox" class="checkbox">閱讀
        </label>
    </div>
</fieldset>
```

建立「註冊」按鈕

```
<!--註冊按鈕-->
<div class="btn-block">
    <button type="submit" id="btnReg">註冊</button>
</div>
```

表身語法所設定的網頁表身，如圖 6.20 所示。

圖 6.20　　**網頁表身設定**

6.7 補充語法

- 新增 CSS 檔案的方式

範例 2 中的樣式設定情況跟範例 1 相同，因為語法較長但在考量程式的可讀性與維護性等因素後，將樣式的設定儲存為外部檔案，再於程式檔中引用。而新增 CSS 檔案的方式跟新增 .html 檔案的步驟是一樣的，步驟如下所示：

步驟 1：在右上方的「方案總管」框中，將游標移至「專案」Login 圖示上，點擊滑鼠右鍵，會跳出功能清單，在「加入」選項下的次項目中，點擊「新增項目」。如圖 6.21 所示。

圖 6.21　點選「新增項目」選項

步驟 2：在跳出的「新增項目 - Login」畫面中，在左方的「已安裝」方塊中，
　　　　點選「Visual C#」項下的「Web」選項，在中間的方塊中點選「樣式
　　　　表」，作者會直接用預設的「檔案名稱」「StyleSheet1.css」，然後點擊
　　　　「新增」按鈕。如圖 6.22 所示。

圖 6.22　點選「樣式表」選項

- 文件物件模型

我們曾經在第一章中簡介過文件物件模式（Document Object Model, DOM）。DOM 是 W3C 發佈應用於提供控制瀏覽器及利用網頁內容的標準程式介面。它將 HTML 文件結構化，並以樹狀結構表示的模型介面。也就是無論新增、刪除、操作物件、處理網頁上的事件，或是尋找及設定元素值都是在 DOM 模型上進行。

在 DOM 模型上尋找元素語法：

```
<form name="contactForm">
    <input type="text" name="name" id="txtValue1" />
</form>
```

本範例中應用的例子如圖 6.23 所示。

```
<!--設定註冊單內容-->
<form action="/">
<hr>
    <!--設定註冊單輸入項目-->
    <label id="icon" for="name"><i class="fas fa-envelope"></i></label>
    <input type="text" name="name" id="txtValue1" placeholder="Email" required />
    <label id="icon" for="name"><i class="fas fa-user"></i></label>
    <input type="text" name="name" id="txtValue2" placeholder="姓名" required />

        <label id="icon" for="name"><i class="fa fa-key"></i></label>
        <input type="password" name="name" id="name" placeholder="密碼" required />
</form>
```

圖 6.23　本範例尋找元素語法

　　DOM 模式上的事件處理，可以藉由使用者的操作行為觸發事件的執行，或是藉由瀏覽器觸發事件的執行。如本範例所應用的查核使用者輸入的帳號與密碼是否與預設的帳號與密碼相符合。如圖 6.24、6.25 與 6.26 所示。

```
<script type="text/javascript">
     function logIn() {
          var username = document.getElementById("username").value;
          var password = document.getElementById("password").value;
          if (username === "Admin" && password === "123") {
               window.location = "https://google.com";
          }
          else {
               alert('輸入資料有誤');
          }
     }
</script>
```

圖 6.24　查核使用者帳號與密碼語法

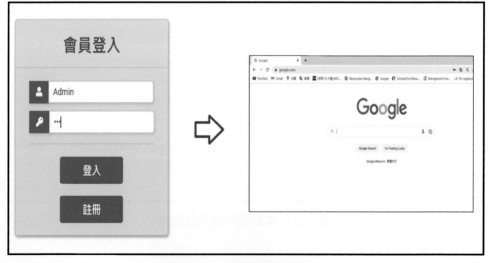

圖 6.25　帳號與密碼正確

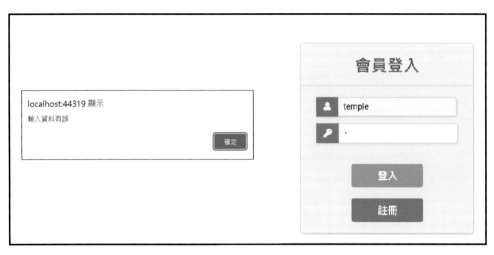

圖 6.26 帳號或密碼不正確

6.8 完整語法

```
<!DOCTYPE html>
<html>
<head>
    <title>新會員註冊網頁</title>

    <link
        href='https://maxcdn.bootstrapcdn.com/font-awesome/4.5.0/css/font-awesome.min.
        css' rel='stylesheet'>
    <link href=https://fonts.googleapis.com/css?family=Roboto:300,400,500,700
        rel="stylesheet">
    <link href="https://use.fontawesome.com/releases/v5.4.1/css/all.css"
        integrity="sha384-5sAR7xN1Nv6T6+dT2mhtzEpVJvfS3NScPQTrOxhwjIuvcA6
        7KV2R5Jz6kr4abQsz" crossorigin="anonymous" rel="stylesheet">
</head>
```

```
<body>
    <div class="main-block">
        <h1><b>會員快速註冊單</b></h1>
        <form action="/">
            <hr>

                <label id="icon" for="name"><i class="fas fa-envelope"></i></label>
                <input type="text" name="name" id="txtValue1" placeholder="Email"
                    required />
                <label id="icon" for="name"><i class="fas fa-user"></i></label>
                <input type="text" name="name" id="txtValue2" placeholder="姓名"
                    required />

                <label id="icon" for="name"><i class="fa fa-key"></i></label>
                <input type="password" name="name" id="name" placeholder="密碼"
                    required />

                <label id="icon" for="name"><i class="fa fa-bank"></i></label>
                <select id="年收入" name="年收入" required>
                    <option value="" selected="selected">年收入</option>
                    <option value="A">A: 50 萬以內</option>
                    <option value="B">B: 51-100 萬以內</option>
                    <option value="C">C: 100 萬以上</option>
                </select>

                <hr>
                <div class="gender">
                    <input type="radio" value="none" id="male" name="gender" checked />
                    <label for="male" class="radio">男性</label>
                    <input type="radio" value="none" id="female" name="gender" />
                    <label for="female" class="radio">女性</label>
```

```
                    </div>
                    <hr>

                    <fieldset>
                        <legend>嗜好</legend>
                        <div>
                            <label class="checkbox">
                                <input type="checkbox" class="checkbox" checked>音樂
                            </label>
                            <label class="checkbox">
                                <input type="checkbox" class="checkbox">運動
                            </label>
                            <label class="checkbox">
                                <input type="checkbox" class="checkbox">旅行
                            </label>
                            <label class="checkbox">
                                <input type="checkbox" class="checkbox">閱讀
                            </label>
                        </div>
                    </fieldset>

                    <div class="btn-block">
                        <button type="submit" id="btnReg">註冊</button>
                    </div>
                </form>
            </div>
        </body>
    </html>
```

第七章　報修與回饋單

範例說明：

　　隨著消費者意識抬頭，與線上媒體的應用廣泛，讓大大小小的組織無不重視客服，畢竟任一位消費者給你一個超讚，或是一個無良的評價，都有可能讓你的組織生意瞬間興隆，或是瞬間被凍結。因此，對於直接面對消費者的前線資訊不可不慎。

　　第七章就來敘述如何應用四個網頁檔實作維修與回饋單網頁，也就是除了首頁之外，還提供附加的資訊：負責人、本店地圖與報修與回饋單。故第七章切割成範例 1、範例 2、範例 3 與範例 4 分別說明，如圖 7.1 為範例 1：維修與回饋單首頁，圖 7.2 範例 2：負責人，圖 7.3 範例 3：本店地圖，圖 7.4 範例 4：維修與回饋單。

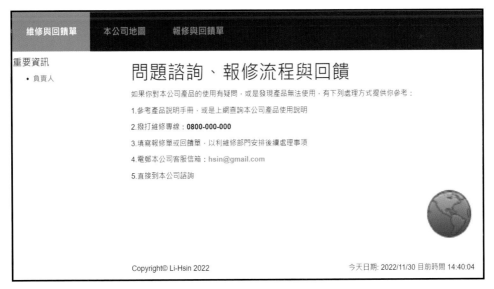

圖 7.1　**範例** 1：維修與回饋單首頁

負責人

姓名: Li-Hsin
職務: ABC 公司工程師
部門: 產品處
E-mail: hsin@gmail.com

圖 7.2　範例 2：負責人網頁

本店地圖

圖 7.3　範例 3：本店地圖網頁

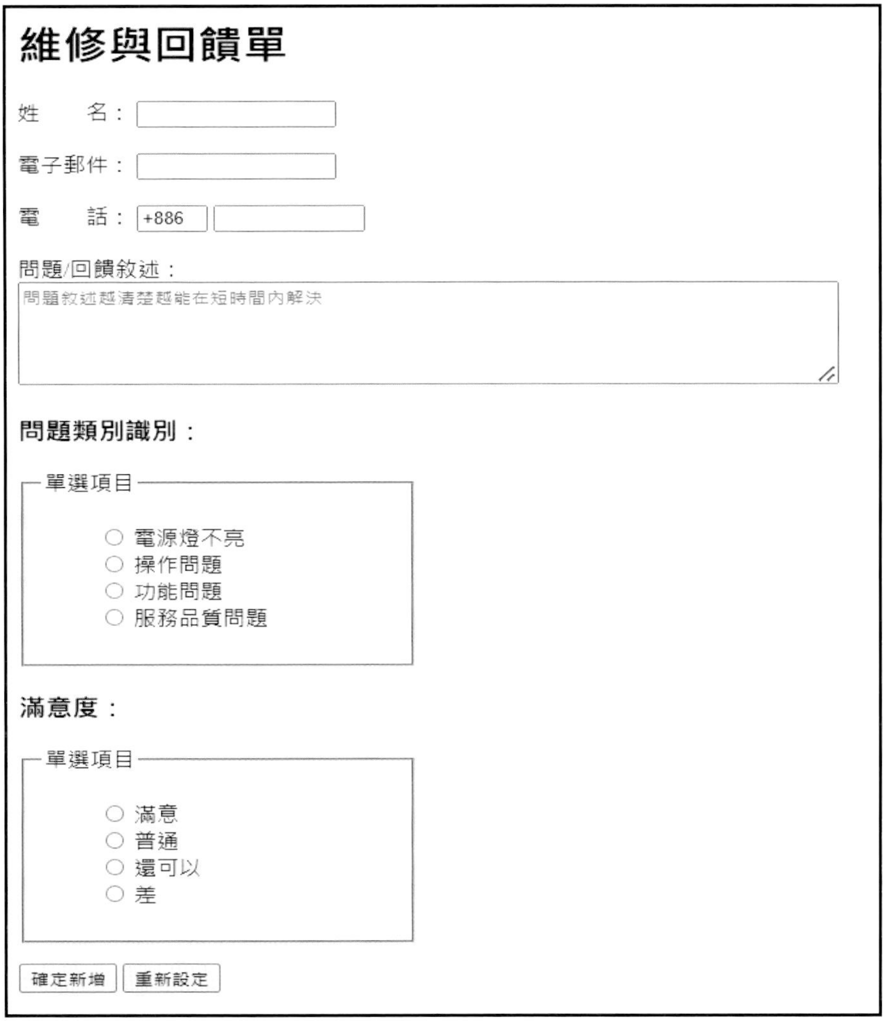

維修與回饋單

姓　　名：[　　　　　　]

電子郵件：[　　　　　　]

電　　話：[+886][　　　　　]

問題/回饋敘述：

[問題敘述越清楚越能在短時間內解決　　　　　　　　　　]

問題類別識別：

┌ 單選項目 ─────────────────┐
│　　　○ 電源燈不亮
│　　　○ 操作問題
│　　　○ 功能問題
│　　　○ 服務品質問題
└──────────────────────┘

滿意度：

┌ 單選項目 ─────────────────┐
│　　　○ 滿意
│　　　○ 普通
│　　　○ 還可以
│　　　○ 差
└──────────────────────┘

[確定新增] [重新設定]

圖 7.4　範例 4：維修與回饋單網頁

在範例 1 中你將學到：

(1) 如何利用 JavaScript 讀取系統當天日期與最新的時間，「秒」的部分是即時動態顯示的；以及

(2) 如何建立左方瀏覽 menu。

在範例 2 中你將學到：

(1) 如何利用 < dl > 與 < dt > 內文排版標籤，建立負責人簡介；以及

(2) 整合已經學習過的標籤建立「負責人」網頁。

在範例 3 中你將學到：

(1) 如何利用 <iframe> </iframe> 嵌入 Google Map；以及

(2) 整合已經學習過的標籤建立「本店地圖」網頁。

在範例 4 中你將學到：

(1) 如何利用 <input type> 建立讓使用者輸入資料的文字方塊；

(2) 如何利用 <textarea> </textarea> 建立可以多行輸入的維修與回饋文字方塊；

(3) 如何利用 <fieldset> </fieldset> 建立單選項目區塊；以及

(4) 整合已經學習過的標籤建立「本店地圖」網頁。

還記得如何開啓 VS 平臺的編程環境嗎？如果還不熟悉就參考第三章或第四章的內容囉，從第五章開始就不再列出「開啓網頁編輯環境的步驟」。就讓我們開始吧。

範例 1：維修與回饋單首頁

7.1 建立資料表

　　編寫網頁有四個步驟：

步驟 1：輸入語法

* 表頭語法

```
<head>
    <meta charset="utf-8">
    <link rel="stylesheet"
        href="https://maxcdn.bootstrapcdn.com/bootstrap/3.4.1/css/bootstrap.min.css">

    <title> 維修與回饋單 </title>
</head>
```

<style> </style>

```
body {
    margin: 0;
    font-family: Arial, Helvetica, sans-serif;
}

footer {
    margin: 150px 0;
}

.topnav {
    overflow: hidden;
```

```
        background-color: #333;
}

.topnav a {
        float: left;
        display: block;
        color: #f2f2f2;
        padding: 24px 26px;
            text-decoration: none;
            font-size: 17px;
}

.topnav a:hover {
            background-color: #ddd;
            color: black;
}

.topnav a.active {
            background-color: #04AA6D;
            color: white;
}

a, a:link, a:visited {
            color: #b7ab25;
            font-weight: bold;
            text-decoration: none;
}

span {
            float: right;
}
```

- 表身語法

```
<body onload="startTime()">
    <script>
      function startTime() {
          const today = new Date();
          h = today.getHours();
          m = today.getMinutes();
          s = today.getSeconds();
          m = checkTime(m);
          s = checkTime(s);
          mon = today.getMonth() + 1;
          date = today.getDate();
          year = today.getFullYear();
          document.getElementById('txt').
          innerHTML = " 今天日期: " + year + "/" + mon + "/" + date + " 目前時間 "
              + h + ":" + m + ":" + s;
              setTimeout(startTime, 1000);
          }

      function checkTime(i) {
          if (i < 10) { i = "0" + i };
          return i;
          }
    </script>

    <div class="topnav" id="myTopnav">
        <a href="#home" class="active">維修與回饋單</a>
        <a href="map.html">本公司地圖</a>
        <a href="form.html">報修與回饋單</a>
    </div>
```

```
    <div class="row">
        <div class="col-md-2">
            <h4>重要資訊</h4>
            <ul class="tooplate_list">
                <li><a href="me.html">負責人</a></li>
            </ul>
        </div>

        <div style="padding-left:250px;padding-right:250px">
            <h1>問題諮詢、報修流程與回饋</h1>

            <p>如果你對本公司產品的使用有疑問，或是發現產品無法使用，有下
                列處理方式提供你參考：</p>
            <p>1.參考產品說明手冊，或是上網查詢本公司產品使用說明</p>
            <p>2.撥打維修專線：<b>0800-000-000</b></p>
            <p>3.填寫報修單或回饋單，以利維修部門安排後續處理事項</p>
            <p>4.電郵本公司客服信箱：<a
                    href="mailto:hsin@gmail.com">hsin@gmail.com</a></p>
            <p>5.直接到本公司諮詢</p>

            <img src="global.png" width="100" height="100" align="right">

            <footer>
                <span id='txt'></span>
                <p> Copyright&copy; Li-Hsin 2022</p>
            </footer>

        </div>
    </div>
</body>
```

步驟 2：儲存語法

一般而言，作者在撰寫程式時會隨時進行儲存的動作，以避免一時疏忽而沒有保留到最新的檔案。那麼該如何進行語法的儲存呢？如圖 7.5 所示，在上方的功能列中有兩個磁碟片的圖示，都是用來儲存語法的：

(1) 右方只有一張磁碟的圖示，是只儲存 .html 網頁檔；

(2) 右方兩張磁碟疊在一起的圖示，除了能儲存 .html 網頁檔之外，還將專案檔、參照檔與方案檔一併儲存，當然也將關聯性也儲存了。

圖 7.5　**儲存語法**

步驟 3：執行程式以檢視是否能正確呈現結果

語法編輯完成，自然就是驗證結果的正確性與否。你可以直接按鍵盤上的 F5 按鈕執行程式，或是在上方的功能列上找到一個綠色的三角形圖示，如圖 7.6 所示，點擊它即可執行程式。

圖 7.6　**執行網頁**

步驟 4：呈現成果

圖 7.7 即是網頁執行成果。

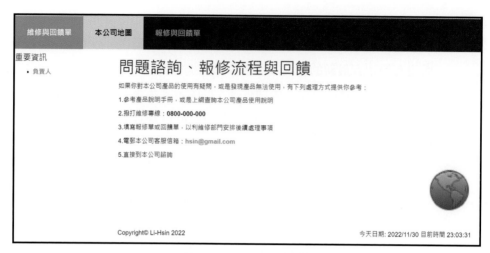

圖 7.7　程式執行結果

確定程式沒問題後，想結束程式，可以直接點擊執行畫面右上方的 ⊠ 圖示，即可結束程式，如圖 7.8 所示。或者在編輯環境的上方功能列中找出紅色的正方形，如圖7.8所示，直接點擊它也能結束執行中的程式。

圖 7.8　結束執行程式的圖示

7.2 HTML 語法

本範例的語法說明，利用 "<!-- " "-->" 註解符號說明語法。解析器讀取到註解內容時並不會解析與執行他。

- 表頭語法

設定標題與引用樣式表

```
<!--指定網頁使用的編碼為 utf-8-->
<meta charset="utf-8">

<!--引用樣式檔-->
<link rel="stylesheet"
      href="https://maxcdn.bootstrapcdn.com/bootstrap/3.4.1/css/bootstrap.
      min.css">

<!--設定標題-->
<title> 維修與回饋單 </title>
```

設定樣式

```
<style>
body {
     margin: 0;
     font-family: Arial, Helvetica, sans-serif;
}

footer {
     margin: 150px 0;
}

.topnav {
    overflow: hidden;
    background-color: #333;
}

.topnav a {
    float: left;
    display: block;
```

```
        color: #f2f2f2;
        padding: 24px 26px;
        text-decoration: none;
        font-size: 17px;
}

.topnav a:hover {
        background-color: #ddd;
        color: black;
}

.topnav a.active {
        background-color: #04AA6D;
        color: white;
}

a, a:link, a:visited {
        color: #b7ab25;
        font-weight: bold;
        text-decoration: none;
}

span {
        float: right;
}
</style>
```

* 表身語法

讀取系統日期與時間

```
<!一新增 JavaScript 讀取系統日期與時間-->
<body onload="startTime()">
    <script>
        function startTime() {
            const today = new Date();
            h = today.getHours();
            m = today.getMinutes();
            s = today.getSeconds();
            m = checkTime(m);
            s = checkTime(s);
            mon = today.getMonth() + 1;
            date = today.getDate();
            year = today.getFullYear();
            document.getElementById('txt').
            innerHTML = " 今天日期: " + year + "/" + mon + "/" + date + " 目前時間
                " + h + ":" + m + ":" + s;
            setTimeout(startTime, 1000);
        }

        function checkTime(i) {
            if (i < 10) { i = "0" + i };
            return i;
        }
    </script>
```

設定網頁上方導航欄

```
<div class="topnav" id="myTopnav">
    <a href="#home" class="active">維修與回饋單</a>
    <a href="map.html">本公司地圖</a>
    <a href="form.html">報修與回饋單</a>
</div>
```

設定網頁左側導航欄

```
<div class="row">
    <div class="col-md-2">
        <h4>重要資訊</h4>
        <ul class="tooplate_list">
            <li><a href="me.html">負責人</a></li>
        </ul>
</div>
```

網頁主體內容

```
<div style="padding-left:250px;padding-right:250px">
    <!--設定標題-->
    <h1>問題諮詢、報修流程與回饋</h1>


    <!--設定主體段落文字-->
    <p>
        如果你對本公司產品的使用有疑問，或是發現產品無法使用，有下列處理方
        式提供你參考：
    </p>
    <p>1.參考產品說明手冊，或是上網查詢本公司產品使用說明</p>
    <p>2.撥打維修專線：<b>0800-000-000</b></p>
    <p>3.填寫報修單或回饋單，以利維修部門安排後續處理事項</p>
    <p>4.電郵本公司客服信箱：<a
```

```
        href="mailto:hsin@gmail.com">hsin@gmail.com</a></p>
<p>5.直接到本公司諮詢</p>


<!─連結圖片與設定大小--->
<img src="global.png" width="100" height="100" align="right">
```

宣告版權

```
<footer>
        <span id='txt'></span>
        <p> Copyright&copy; Li-Hsin 2022</p>
</footer>
```

表身語法所設定的網頁表身，如圖 7.9 所示。

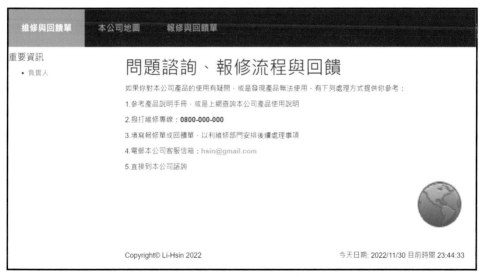

圖 7.9 網頁表身設定

7.3 補充語法

- **什麼是 JavaScript？**

　　JavaScript 是一種與其他程式語言有著相同的特徵的腳本引擎。它是早期開發瀏覽器的先驅企業 Netscape 所開發的客戶端網頁語言，且於 1995 年發佈。JavaScript 依循著兩份國際標準的 ECMAScript 規範：ECMA-262 和 ISO/IEC 16262。前者，是由 ECMA（European Computer Manufacturers Association）負責管理；後者，是由國際標準組織（International Organization for Standardization）和國際電子技術委員會（International Electrotechnical Commission）負責管理。而於 1994 年改名為 ECMA International 的 ECMA 負責的標準有：

(1) ECMA-334：C# 語言規範；

(2) ECMA-404：JSON；以及

(3) ECMA-262：ECMAScript 語言規範等。

　　ECMA-262 是 ECMAScript 的規範，而 JavaScript 則是其中一種實作和擴充的程式語言。

- **JavaScript 的特徵**

　　JavaScript 支援變數（variables）、運算子（operators）、方法（functions），以及條件運算式（conditional statements）。下列為各特徵的簡介。

(1) **變數**（variables）

　　變數是功能是儲存資料的。而宣告變數的方式有三種：

- 賦予變數名稱與值，格式如下所示：

　A=5;

- 利用 var 做識別，格式如下所示：

　Var greeting;

- 結合 (1) 與 (2) 宣告變數的方式，格式如下所示：

　Var weather = "summer";

最後提醒的是，變數是有區別大小寫的，即Summer和summer是不一樣的。

(2) **運算子**（operators）

運算子是關鍵字，也是符號。它能用來在表達式中結合單一值或多值。如算術運算子的「+」、「-」、「×」、「／」、「%」等，還有指派運算子的「=」、「-=」、「*=」、「／=」、「%=」等；比較運算子的「==」、「!=」、「>」、「<」等；布林運算子的「x||y」、「x&&y」等。

(3) **方法**（functions）

方法，是用來執行特定任務的有次序的敘述。它可以重複使用。格式如下所示：

```
Function name (argument 1, argument 2,…,argument n)
{
    Statement 1;
    Statement 2;
    ……
    Statement n;
}
```

從方法的宣告格式中可知，一個方法包含四個部分：function 關鍵字、方法名稱、參數 argument 以及區塊括號 {}。

(4) **條件運算式**（conditional statements）

條件運算式能依判斷式的成立與不成立，幫你做決策。例如 if….else 運算式

```
If ( grade >= 70 )
    {
        Console.WriteLine("期中過關");
    }
else
```

```
    {
        Console.WriteLine("需要補考");
    }
```

7.4 完整語法

```html
<!DOCTYPE html>
<html>
<head>
    <meta charset="utf-8">
    <link rel="stylesheet"
        href="https://maxcdn.bootstrapcdn.com/bootstrap/3.4.1/css/bootstrap.min.css">
    <title> 維修與回饋單 </title>

    <style>
        body {
            margin: 0;
            font-family: Arial, Helvetica, sans-serif;
        }

        footer {
            margin: 150px 0;
        }

        .topnav {
            overflow: hidden;
```

```
        background-color: #333;
    }

        .topnav a {
            float: left;
            display: block;
            color: #f2f2f2;
            padding: 24px 26px;
            text-decoration: none;
            font-size: 17px;
        }

            .topnav a:hover {
                background-color: #ddd;
                color: black;
            }

            .topnav a.active {
                background-color: #04AA6D;
                color: white;
            }

a, a:link, a:visited {
    color: #b7ab25;
    font-weight: bold;
    text-decoration: none;
}

span {
    float: right;
}
```

```
        </style>
    </head>

<body onload="startTime()">
        <script>
            function startTime() {
                const today = new Date();
                h = today.getHours();
                m = today.getMinutes();
                s = today.getSeconds();
                m = checkTime(m);
                s = checkTime(s);
                mon = today.getMonth() + 1;
                date = today.getDate();
                year = today.getFullYear();
                document.getElementById('txt').
                    innerHTML = " 今天日期: " + year + "/" + mon + "/" + date + " 目前
                            時間 " + h + ":" + m + ":" + s;
                setTimeout(startTime, 1000);
            }

            function checkTime(i) {
                if (i < 10) { i = "0" + i };
                return i;
            }
        </script>

    <div class="topnav" id="myTopnav">
        <a href="#home" class="active">維修與回饋單</a>
        <a href="map.html">本公司地圖</a>
        <a href="form.html">報修與回饋單</a>
```

```
        </div>

        <div class="row">
            <div class="col-md-2">
                <h4>重要資訊</h4>
                <ul class="tooplate_list">
                    <li><a href="me.html">負責人</a></li>
                </ul>
            </div>

            <div style="padding-left:250px;padding-right:250px">
                <h1>問題諮詢、報修流程與回饋</h1>

                <p>如果你對本公司產品的使用有疑問，或是發現產品無法使用，有下
                    列處理方式提供你參考：</p>
                <p>1.參考產品說明手冊，或是上網查詢本公司產品使用說明</p>
                <p>2.撥打維修專線：<b>0800-000-000</b></p>
                <p>3.填寫報修單或回饋單，以利維修部門安排後續處理事項</p>
                <p>4.電郵本公司客服信箱：<a
                    href="mailto:hsin@gmail.com">hsin@gmail.com</a></p>
                <p>5.直接到本公司諮詢</p>

                <img src="global.png" width="100" height="100" align="right">

                <footer>
                    <span id='txt'></span>
                    <p> Copyright&copy; Li-Hsin 2022</p>
                </footer>
            </div>
        </div>
</body>
</html>
```

範例2：負責人網頁

如在本章一開始提到，在範例2中你將學到：

(1) 如何利用 <dl> 與 <dt> 內文排版標籤，建立負責人簡介；以及

(2) 整合已經學習過的標籤建立「負責人」網頁。

為了完成範例2，我們要在方案總管視窗中，新增第二個網頁檔，步驟如下所示。

建立第二個網頁的步驟：

步驟1　：在右上方的「方案總管」框中，將游標移至「專案」feedback圖示上，點擊滑鼠右鍵，會跳出功能清單，在「加入」選項下的次項目中，點擊「新增項目」。如圖 7.10 所示。

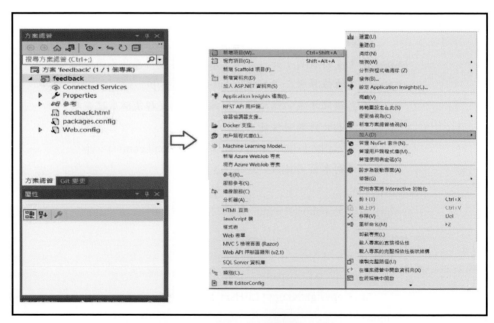

圖 7.10　點選「新增項目」選項

步驟2：在跳出的「新增項目 - feedback」畫面中，在左方的「已安裝」方塊中，

點選「Visual C#」項下的「Web」選項，在中間的方塊中點選「HTML 頁面」，作者會將下方預設的「名稱」更改為「me.html」，然後點擊「新增」按鈕。如圖 7.11 所示。

圖 7.11　　點選「HTML 頁面」選項

步驟 3：你會在「方案總管」框中，看到 feedback 專案下除了 feedback.html 網頁檔之外，還新增了一個 me.html 網頁檔，左方一樣會自動帶出 HTML 網頁程式的架構，如圖 7.12 所示。到這個步驟就表示可以開始設計網頁囉。

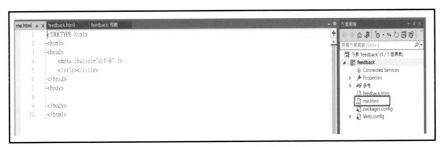

圖 7.12　　HTML 網頁編程畫面

7.5 建立資料表

編寫網頁有四個步驟：

步驟 1： 輸入語法

負責人網頁是在 feedback 首頁中，想知道負責人是誰，可以左側導航欄中的「負責人」導航項目，呼叫出來的第二個負責人資訊頁面，如圖 7.13 所示。

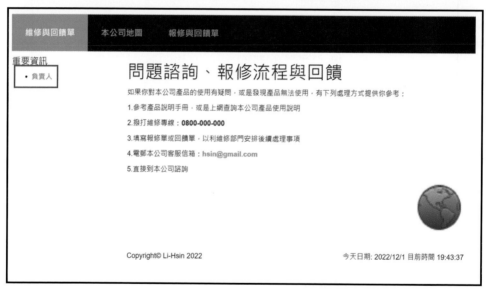

圖 7.13 點擊「負責人」導航項目

• 表頭語法

```
<head>
    <title>負責人</title>
</head>
```

- 表身語法

```
<body>
    <header>
        <h1>負責人</h1>
    </header>
    <section>
        <img src="image/2022.jpg" width="200" height="200">
        <dl style="font-size:22px;">
            <dt>姓名: Li-Hsin</dt>
            <dt>職務: ABC 公司工程師</dt>
            <dt>部門: 產品處</dt>
            <dt>E-mail: hsin@gmail.com</dt>
        </dl>
    </section>

    <footer style="font-size:large">
        <p>
            Copyright &copy;2022 - Li-Hsin. All Rights Reserved.
        </p>
    </footer>

</body>
```

步驟 2：儲存語法

　　一般而言，作者在撰寫程式時會隨時進行儲存的動作，以避免一時疏忽而沒有保留到最新的檔案。那麼該如何進行語法的儲存呢？如圖 7.14 所示，在上方的功能列中有兩個磁碟片的圖示，都是用來儲存語法的：

(1) 右方只有一張磁碟的圖示，是只儲存 .html 網頁檔；

(2) 右方兩張磁碟疊在一起的圖示，除了能儲存 .html 網頁檔之外，還將
專案檔與方案檔一併儲存，當然也將關聯性也儲存了。

圖 7.14　**儲存語法**

步驟 3：執行程式以檢視是否能正確呈現結果

語法編輯完成，自然就是驗證結果的正確性與否。你可以直接按鍵盤上
的 F5 按鈕執行程式，或是在上方的功能列上找到一個綠色的三角形圖
示，如圖 7.15 所示，點擊它即可執行程式。

圖 7.15　**執行網頁**

步驟 4：呈現成果

圖 7.16 即是網頁執行成果。

負責人

姓名: Li-Hsin
職務: ABC 公司工程師
部門: 產品處
E-mail: hsin@gmail.com

Copyright ©2022 - Li-Hsin. All Rights Reserved.

圖 7.16 程式執行結果

確定程式沒問題後，想結束程式，可以直接點擊執行畫面右上方的 ☒
圖示，即可結束程式，如圖 7.17 所示。或者在編輯環境的上方功能列
中找出紅色的正方形，如圖 7.17 所示，直接點擊它也能結束執行中的
程式。

圖 7.17 結束執行程式的圖示

7.6 HTML 語法

本範例的語法說明，一樣利用 "<!-- " "-->" 註解符號來說明語法。

- 表頭語法

```
<!--設定表頭標題-->
<head>
        <title>負責人</title>
</head>
```

- 表身語法

宣告網頁標題區域內容

```
<header>
            <h1>負責人</h1>
</header>
```

宣告負責人資料

```
<!--設定<section></section>區塊-->
<section>
            <!--設定連結的圖片與設定其大小-->
            <img src="image/2022.jpg" width="200" height="200">

            <!—<dl><dt>描述負責人資訊-->
            <dl style="font-size:22px;">
                <dt>姓名: Li-Hsin</dt>
                <dt>職務: ABC 公司工程師</dt>
                <dt>部門: 產品處</dt>
                <dt>E-mail: hsin@gmail.com</dt>
            </dl>
</section>
```

宣告版權

```
<footer style="font-size:large">
        <p>
                Copyright &copy;2022 - Li-Hsin. All Rights Reserved.
        </p>
</footer>
```

表身語法所設定的網頁表身，如圖 7.18 所示。

圖 7.18　網頁表身設定

7.7 完整語法

```
<html>
<head>
    <title>負責人</title>
</head>

<body>
    <header>
        <h1>負責人</h1>
    </header>

    <section>
        <img src="image/2022.jpg" width="200" height="200">
        <dl style="font-size:22px;">
            <dt>姓名: Li-Hsin</dt>
            <dt>職務: ABC 公司工程師</dt>
            <dt>部門: 產品處</dt>
            <dt>E-mail: hsin@gmail.com</dt>
        </dl>
    </section>

    <footer style="font-size:large">
        ·<p>
            Copyright &copy;2022 - Li-Hsin. All Rights Reserved.
        </p>
    </footer>

</body>
</html>
```

範例 3：本店地圖網頁

如在本章一開始提到，在範例 3 中你將學到：

(1) 如何利用 <iframe> </iframe> 嵌入 Google Map；以及

(2) 整合已經學習過的標籤建立「本店地圖」網頁。

爲了完成範例 3，我們要在方案總管視窗中，新增第三個網頁檔，步驟如下所示。

建立第三個網頁的步驟：

步驟 1：在右上方的「方案總管」框中，將游標移至「專案」feedback 圖示上，點擊滑鼠右鍵，會跳出功能清單，在「加入」選項下的次項目中，點擊「新增項目」。如圖 7.19 所示。

圖 7.19　點選「新增項目」選項

步驟 2：在跳出的「新增項目 - feedback」畫面中，在左方的「已安裝」方塊中，點選「Visual C#」項下的「Web」選項，在中間的方塊中點選「HTML

頁面」，作者會將下方預設的「名稱」更改為「map.html」，然後點擊
「新增」按鈕。如圖 7.20 所示。

圖 7.20　點選「HTML 頁面」選項

步驟 3：你會在「方案總管」框中，看到 feedback 專案下除了 feedback.html 和
me.html 網頁檔之外，還新增了一個 map.html 網頁檔，左方一樣會自動
帶出 HTML 網頁程式的架構，如圖 7.21 所示。到這個步驟就表示可以
開始設計網頁囉。

圖 7.21　HTML 網頁編程畫面

7.8 建立資料表

編寫網頁的步驟有四個：

步驟 1： 輸入語法

「本公司地圖」網頁是在 feedback 首頁中，想知道公司的所在地，就可以點擊「本公司地圖」導航項目，呼叫出 google map。如圖 7.22 所示。

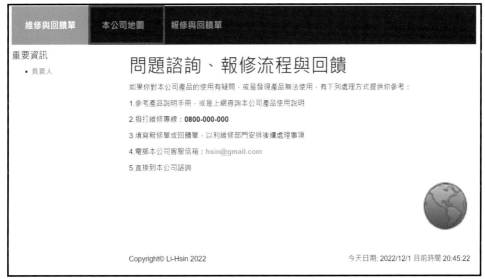

圖 7.22　點擊「本公司地圖」導航項目

* 表頭語法

```
<head>
    <title>地圖</title>

    <style>
        .mapouter {
```

```
            position: relative;
        }
    </style>

</head>
```

- 表身語法

```
<body>
    <h1>本店地圖</h1>

    <div class="mapouter">
    <iframe
        src=https://www.google.com/maps/embed?pb=!1m18!1m12!1m3!1d3615.535453
        4444996!2d121.46466381440409!3d25.015896445172192!2m3!1f0!2f0!3f0!3m2
        !1i1024!2i768!4f13.1!3m3!1m2!1s0x3442a8184409d0b9%3A0x77daa33a8df42b
        9b!2zSG9uZGEgQ2FycyDmlrDljJfmnb_mqYvlupc!5e0!3m2!1sen!2stw!4v16690
        51788285!5m2!1sen!2stw width="600" height="600" style="border:0;"
        allowfullscreen="" loading="lazy"
        referrerpolicy="no-referrer-when-downgrade">
    </iframe>
     <br>
    </div>
</body>
```

步驟 2：儲存語法

　　一般而言，作者在撰寫程式時會隨時進行儲存的動作，以避免一時疏忽而沒有保留到最新的檔案。那麼該如何進行語法的儲存呢？如圖 7.23 所示，在上方的功能列中有兩個磁碟片的圖示，都是用來儲存語法的：

(1) 右方只有一張磁碟的圖示，是只儲存 .html 網頁檔；

(2) 右方兩張磁碟疊在一起的圖示，除了能儲存 .html 網頁檔之外，還將專案檔與方案檔一併儲存，當然也將關聯性也儲存了。

圖 7.23　儲存語法

步驟 3：執行程式以檢視是否能正確呈現結果

語法編輯完成，自然就是驗證結果的正確性與否。你可以直接按鍵盤上的 F5 按鈕執行程式，或是在上方的功能列上找到一個綠色的三角形圖示，如圖 7.24 所示，點擊它即可執行程式。

圖 7.24　執行網頁

步驟 4：呈現成果

圖 7.25 即是網頁執行成果。

圖 7.25　程式執行結果

確定程式沒問題後，想結束程式，可以直接點擊執行畫面右上方的 ⊠
圖示，即可結束程式，如圖 7.26 所示。或者在編輯環境的上方功能列
中找出紅色的正方形，如圖 7.26 所示，直接點擊它也能結束執行中的
程式。

圖 7.26　結束執行程式的圖示

7.9 HTML 語法

本範例的語法說明，利用 "<!-- " "-->" 註解符號說明語法。

- 表頭語法

表頭標題

```
<title>地圖</title>
```

設定表身樣式

```
<style>
        .mapouter {
            position: relative;
        }
</style>
```

- 表身語法

```
<body>
    <!--設定標題-->
    <h1>本店地圖</h1>

    <!—嵌入 google 地圖，並設定大小-->
    <div class="mapouter">
        <iframe
            src=https://www.google.com/maps/embed?pb=!1m18!1m12!1m3!1d3615.53
            54534444996!2d121.46466381440409!3d25.0158964451722192!2m3!1f0!2f0
            !3f0!3m2!1i1024!2i768!4f13.1!3m3!1m2!1s0x3442a8184409d0b9%3A0x77
            daa33a8df42b9b!2zSG9uZGEgQ2FycyDmlrDljJfmnb_mqYvlupc!5e0!3m2!1
```

```
              sen!2stw!4v1669051788285!5m2!1sen!2stw width="600" height="600"
          style="border:0;" allowfullscreen="" loading="lazy"
          referrerpolicy="no-referrer-when-downgrade">
     </iframe>
     <br>
   </div>
</body>
```

表身語法所設定的網面單表身，如圖 7.27 所示。

圖 7.27　網頁表身設定

7.10　補充語法

• 新增 **<iframe></iframe>** 標籤

　　<iframe></iframe> 標籤是 inline frame，就是在一個 HTML 網頁裡嵌入另一個 HTML 網頁。<iframe></iframe> 標籤也被應用於嵌入 Facebook 的粉絲專頁，或是 youtube 等。

　　新增 <iframe></iframe> 標籤的語法：

```
<iframe src="URL"></iframe>
```

　　常見的 <iframe></iframe> 標籤

(1) src：欲插入的網頁網址，可用絕對或相對路徑

(2) width、height：iframe 的寬度與高度設定值

(3) scrolling：網頁長寬超過 iframe 長寬時是否需要產生捲軸（yes, no, auto）

(4) frameborder 用來設定 iframe 的邊框是否要顯示，frameborder="0" 代表不顯示邊框；frameborder="1" 代表要顯示邊框。

(5) scrolling 用來控制 iframe 的卷軸是否要顯示，scrolling="yes" 代表要顯示捲軸；scrolling="no" 代表不顯示捲軸；scrolling="auto" 代表依據網頁大小自動顯示。

• 為什麼前端程式中儘量少用 **<iframe></iframe>** 標籤？

　　iframe 有哪些缺點呢？

(1) 使用 <iframe></iframe> 標籤會延遲網頁 Onload 事件的載入速度；

(2) 搜索引擎的檢索程序無法解析由 <iframe></iframe> 標籤嵌入的網頁，因此不利於 SEO 的應用，但可調整語法的應用；

(3) 因 <iframe></iframe> 標籤是嵌入其他網頁，易成為病毒的弱點；

(4) <iframe></iframe> 標籤是嵌入其他網頁，就像開啟一個新的網頁，所有語法會全部再加載一次，也就是記憶耗用會加倍。

7.11 完整語法

```
<!DOCTYPE html>
<html>
<head>
    <title>地圖</title>
</head>
<body>
    <h1>本店地圖</h1>
    <div class="mapouter">
        <iframe
            src=https://www.google.com/maps/embed?pb=!1m18!1m12!1m3!1d3
            615.5354534444996!2d121.46466381440409!3d25.0158964451721 9
            2!2m3!1f0!2f0!3f0!3m2!1i1024!2i768!4f13.1!3m3!1m2!1s0x3442a8
            184409d0b9%3A0x77daa33a8df42b9b!2zSG9uZGEgQ2FycyDmlrDl
            jJfmnb_mqYvlupc!5e0!3m2!1sen!2stw!4v1669051788285!5m2!1sen!
            2stw width="600" height="600" style="border:0;" allowfullscreen=""
            loading="lazy"
            referrerpolicy="no-referrer-when-downgrade"></iframe>
        <br>
         <style>
            .mapouter {
                position: relative;
            }
         </style>
    </div>
</body>
</html>
```

範例 4：維修與回饋單

如在本章一開始提到，在範例 4 中你將學到：

(1) 如何利用 <input type> 建立讓使用者輸入資料的文字方塊；

(2) 如何利用 <textarea> </textarea> 建立可以多行輸入的維修與回饋文字方塊；

(3) 如何利用 <fieldset> </fieldset> 建立單選項目區塊；以及

(4) 整合已經學習過的標籤建立「本店地圖」網頁。

為了完成範例 4，我們要在方案總管視窗中，新增第四個網頁檔，步驟如下所示。

建立第四個網頁的步驟：

步驟 1：在右上方的「方案總管」框中，將游標移至「專案」feedback 圖示上，點擊滑鼠右鍵，會跳出功能清單，在「加入」選項下的次項目中，點擊「新增項目」。如圖 7.28 所示。

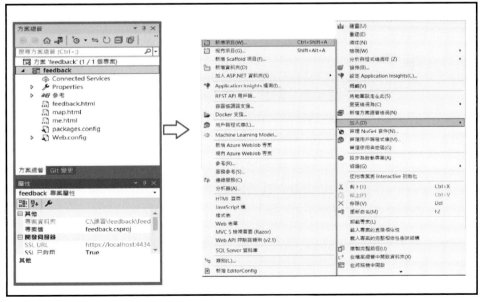

圖 7.28　**點選「新增項目」選項**

步驟 2： 在跳出的「新增項目 - feedback」畫面中，在左方的「已安裝」方塊中，
點選「Visual C#」項下的「Web」選項，在中間的方塊中點選「HTML
頁面」，作者會將下方預設的「名稱」更改為「form.html」，然後點擊
「新增」按鈕。如圖 7.29 所示。

圖 7.29　點選「HTML 頁面」選項

步驟 3： 你會在「方案總管」框中，看到 feedback 專案下除了 feedback.html、
me.html 以及 map.html 網頁檔之外，還新增了一個 form.html 網頁檔，
左方一樣會自動帶出 HTML 網頁程式的架構，如圖 7.30 所示。到這個
步驟就表示可以開始設計網頁囉。

圖 7.30 HTML 網頁編程畫面

7.12 建立資料表

編寫網頁有四個步驟：

步驟 1： 輸入語法

form 網頁是在 feedback 首頁中，決定要填寫報修與回饋單後，點擊「報修與回饋單」導航項目，呼叫出來的第四個頁面。如圖 7.31 所示。

圖 7.31 點擊「報修與回饋單」導航項目

- 表頭語法

```
<head>
    <meta charset="utf-8">
    <title>維修與回饋單</title>

    <style type="text/css">
        ol, ul {
            list-style-type: none;
        }
    </style>
</head>
```

- 表身語法

```
<body>
    <h1>維修與回饋單</h1>
    <label> 姓  名： </label>
    <input type="text" name="firstname" size="15" /> <br> <br>
    <label> 電子郵件： </label>
    <input type="text" name="middlename" size="15" /> <br> <br>
    <label> 電  話： </label>
    <input type="text" name="country code" value="+886" size="2" />
    <input type="text" name="phone" size="10" /> <br> <br>

    <label for="form-story">問題/回饋敘述：</label><br>
    <textarea cols="75" rows="5" value="address"
            placeholder="問題敘述越清楚越能在短時間內解決"
            oninput="validateComments(input)">
    </textarea>
```

```html
<h3>問題類別識別：</h3>
<fieldset style="width:250px;">
    <legend>單選項目</legend>
    <ul>
        <li><label><input type="radio" name="item" value="power"> 電源燈不亮
            </label></li>
        <li><input type="radio" name="item" value="operation"> 操作問題 </li>
        <li><input type="radio" name="item" value="function"> 功能問題 </li>
        <li><input type="radio" name="item" value="quality"> 服務品質問題 </li>
    </ul>
</fieldset>

<h3>滿意度：</h3>
<fieldset style="width:250px;">
    <legend>單選項目</legend>
    <ul>
        <li><label><input type="radio" name="item" value="green"> 滿意
            </label></li>
        <li><input type="radio" name="item" value="lightgreen"> 普通 </li>
        <li><input type="radio" name="item" value="yellow"> 還可以 </li>
        <li><input type="radio" name="item" value="red"> 差 </li>
    </ul>
</fieldset>

<p>
    <input type="submit" value="確定新增">
    <input type="reset" value="重新設定">
</p>

</body>
```

步驟 2：儲存語法

一般而言，作者在撰寫程式時會隨時進行儲存的動作，以避免一時疏忽而沒有保留到最新的檔案。那麼該如何進行語法的儲存呢？如圖 7.32 所示，在上方的功能列中有兩個磁碟片的圖示，都是用來儲存語法的：

(1) 右方只有一張磁碟的圖示，是只儲存 .html 網頁檔；

(2) 右方兩張磁碟疊在一起的圖示，除了能儲存 .html 網頁檔之外，還將專案檔與方案檔一併儲存，當然也將關聯性儲存了。

圖 7.32　**儲存語法**

步驟 3：執行程式以檢視是否能正確呈現結果

語法編輯完成，自然就是驗證結果的正確性與否。你可以直接按鍵盤上的 F5 按鈕執行程式，或是在上方的功能列上找到一個綠色的三角形圖示，如圖 7.33 所示，點擊它即可執行程式。

圖 7.33　**執行網頁**

步驟 4：呈現成果

圖 7.34 即是網頁執行成果。

確定程式沒問題後，想結束程式，可以直接點擊執行畫面右上方的 ⊠ 圖示，即可結束程式，如圖 7.35 所示。或者在編輯環境的上方功能列中找出紅色的正方形，如圖 7.35 所示，直接點擊它也能結束執行中的程式。

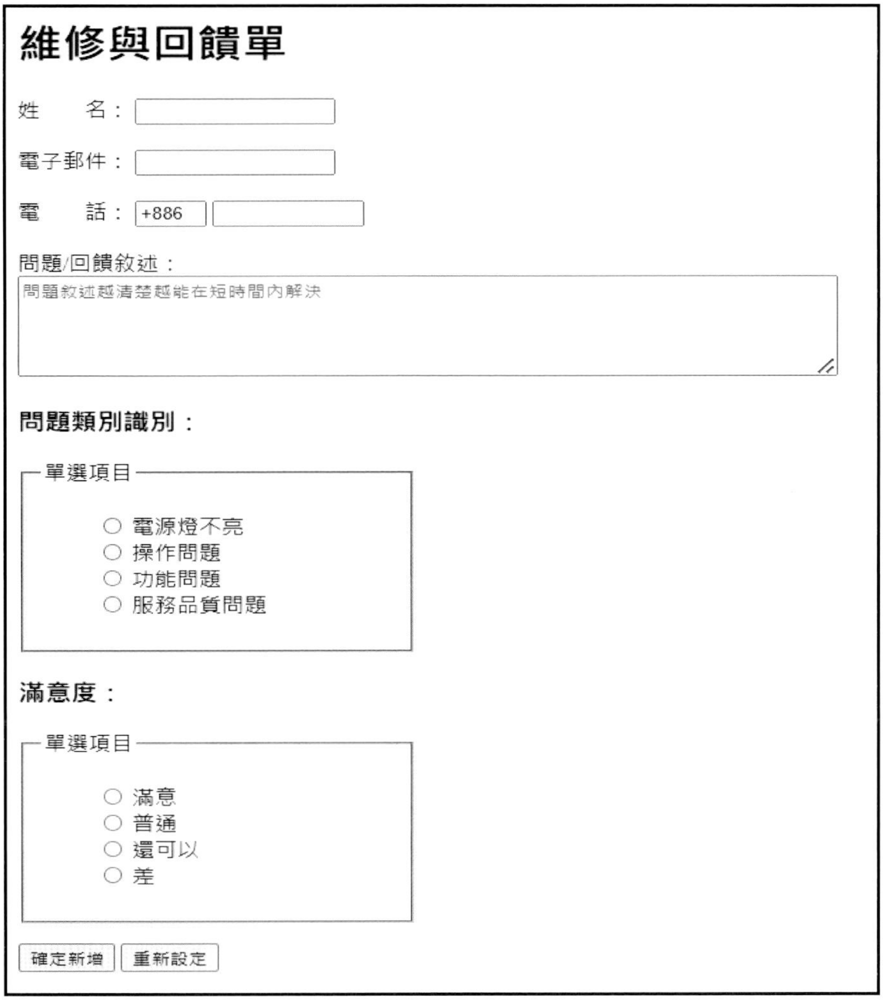

維修與回饋單

姓　　名：☐

電子郵件：☐

電　　話：+886 ☐

問題/回饋敘述：

問題敘述越清楚越能在短時間內解決

問題類別識別：

┌─ 單選項目 ─────────────┐
│　　　　○ 電源燈不亮
│　　　　○ 操作問題
│　　　　○ 功能問題
│　　　　○ 服務品質問題
└──────────────────────┘

滿意度：

┌─ 單選項目 ─────────────┐
│　　　　○ 滿意
│　　　　○ 普通
│　　　　○ 還可以
│　　　　○ 差
└──────────────────────┘

確定新增　重新設定

圖 7.34　程式執行結果

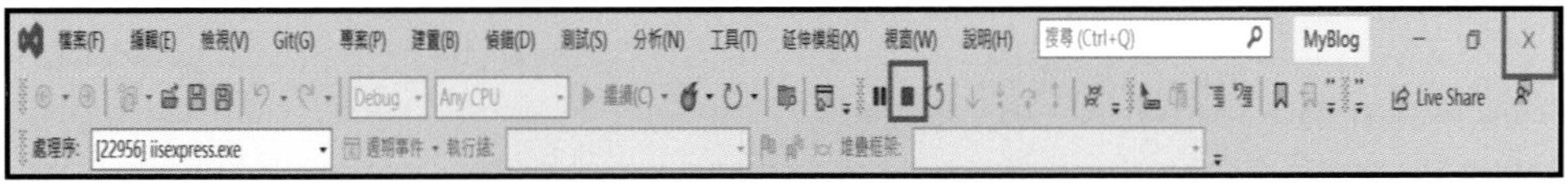

圖 7.35　結束執行程式的圖示

7.13 HTML 語法

本範例的語法說明，一樣利用 "<!-- " "-->" 註解符號來說明語法。解析器讀取到註解的內容時並不會解析與執行他。

- 表頭語法

標題設定

```
<head>
    <!—指定網頁使用的編碼為 utf-8→
    <meta charset="utf-8">

    <!—設定網頁標題→
    <title>維修與回饋單</title>
</head>
```

樣式設定

```
<!--設定表身樣式-->
    <style type="text/css">
        ol, ul {
            list-style-type: none;
        }
</style>
```

- 表身語法

設定標題與個人資料區塊

```
<h1>維修與回饋單</h1>

<label> 姓  名：  </label>
```

```
<input type="text" name="firstname" size="15" /> <br> <br>
<label> 電子郵件： </label>
<input type="text" name="middlename" size="15" /> <br> <br>
<label> 電  話： </label>
<input type="text" name="country code" value="+886" size="2" />
<input type="text" name="phone" size="10" /> <br> <br>


<label for="form-story">問題/回饋敘述：</label><br>
<textarea cols="75" rows="5" value="address" placeholder="問題敘述越清楚越能在短
    時間內解決" oninput="validateComments(input)"></textarea>
```

設定問題類別單選項目區塊

```
<h3>問題類別識別：</h3>
<fieldset style="width:250px;">
    <legend>單選項目</legend>
    <ul>
        <li><label>
                    <input type="radio" name="item" value="power">電源燈不亮
        </label></li>
        <li><input type="radio" name="item" value="operation"> 操作問題 </li>
        <li><input type="radio" name="item" value="function"> 功能問題 </li>
        <li><input type="radio" name="item" value="quality">服務品質問題</li>
    </ul>
</fieldset>
```

設定滿意度單選項目區塊

```
<h3>滿意度：</h3>
<fieldset style="width:250px;">
    <legend>單選項目</legend>
    <ul>
        <li><label>
                <input type="radio" name="item" value="green"> 滿意
        </label></li>
        <li><input type="radio" name="item" value="lightgreen"> 普通 </li>
        <li><input type="radio" name="item" value="yellow"> 還可以 </li>
        <li><input type="radio" name="item" value="red"> 差 </li>
    </ul>
</fieldset>
```

設定按鈕

```
<p>
    <input type="submit" value="確定新增">
    <input type="reset" value="重新設定">
</p>
```

表身語法所設定的網頁表身，如圖 7.36 所示。

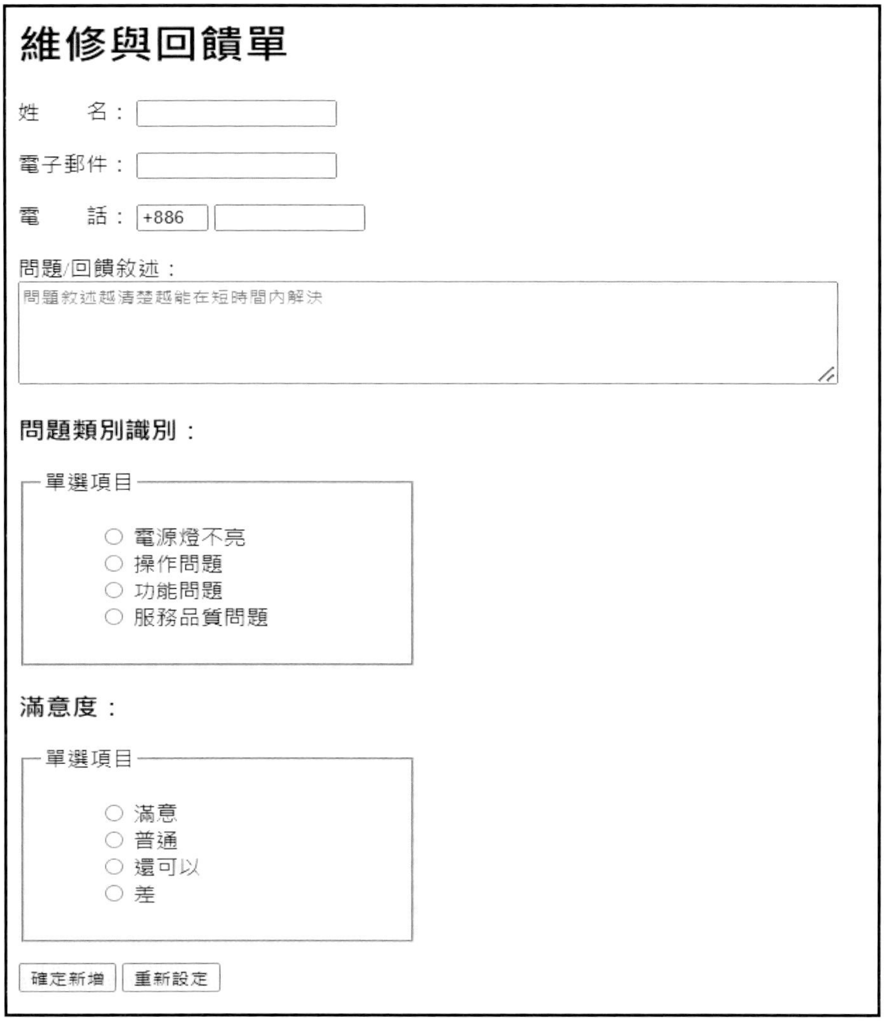

維修與回饋單

姓　　名：[_____]

電子郵件：[_____]

電　　話：[+886] [_____]

問題/回饋敘述：

[問題敘述越清楚越能在短時間內解決
　　　　　　　　　　　　　　　　　　　　　　　　　　　　　　　　　　]

問題類別識別：

┌─ 單選項目 ─────────────────────┐
│　　　　　○ 電源燈不亮　　　　　　　│
│　　　　　○ 操作問題　　　　　　　　│
│　　　　　○ 功能問題　　　　　　　　│
│　　　　　○ 服務品質問題　　　　　　│
└──────────────────────────────┘

滿意度：

┌─ 單選項目 ─────────────────────┐
│　　　　　○ 滿意　　　　　　　　　　│
│　　　　　○ 普通　　　　　　　　　　│
│　　　　　○ 還可以　　　　　　　　　│
│　　　　　○ 差　　　　　　　　　　　│
└──────────────────────────────┘

[確定新增] [重新設定]

圖 7.36　程式執行結果

7.14　補充語法

* **具有多用途應用的 <input> 標籤**

　　<input> 標籤可以用來建立多種不同用途的控制元件，例如文字輸入欄位、核取方塊、按鈕等。<input> 標籤屬於空元素（Empty Element），即不需要結束標籤 </input>。範例 4 中也建立了不少利用 <input> 標籤建立的文字輸入欄位，如圖 7.37 所示。

```
<!--設定標題與個人資料區塊-->
    <h1>維修與回饋單</h1>
    <label> 姓  名：  </label>
    <input type="text" name="firstname" size="15" /> <br> <br>
    <label> 電子郵件：  </label>
    <input type="text" name="middlename" size="15" /> <br> <br>
    <label> 電  話：  </label>
    <input type="text" name="country code" value="+886" size="2" />
    <input type="text" name="phone" size="10" /> <br> <br>

    <label for="form-story">問題/回饋敘述：</label><br>
    <textarea cols="75" rows="5" value="address"
            placeholder="問題敘述越清楚越能在短時間內解決"
            oninput="validateComments(input)">
    </textarea>
```

圖 7.37　利用 <input> 標籤建立文字輸入欄位

　　在本節次中再舉一些於本書中沒有應用，卻被應用廣泛的控制項，如日期與時間。

• **Date**

　　語法：

　　　　`<input id="date" type="date"`
　　　　`name="date"/>`

• **Week**

　　語法：

　　　　`<input id="week"`
　　　　`type="week" name="week"/>`

• **Month**

語法：

```
<input id="month" type="
month" name=" month "/>
```

• **Time**

語法：

```
<input id="time" type=" time
" name=" time "/>
```

最後再介紹一個自訂顏色的應用。

語法：

```
<div>
    <label for="color"> 顏色
</label>
    <input id="color"
name="color" type="color">
    </div>
```

7.15　完整語法

```
<!DOCTYPE html >
<html>
<head>
    <meta charset="utf-8">
    <title>維修與回饋單</title>

    <style type="text/css">
        ol, ul {
            list-style-type: none;
        }
    </style>
</head>
```

```
<body>
    <h1>維修與回饋單</h1>
    <label> 姓  名： </label>
    <input type="text" name="firstname" size="15" /> <br> <br>
    <label> 電子郵件： </label>
    <input type="text" name="middlename" size="15" /> <br> <br>
    <label> 電  話： </label>
    <input type="text" name="country code" value="+886" size="2" />
    <input type="text" name="phone" size="10" /> <br> <br>

    <label for="form-story">問題/回饋敘述：</label><br>
    <textarea cols="75" rows="5" value="address"
        placeholder="問題敘述越清楚越能在短時間內解決"></textarea>

    <h3>問題類別識別：</h3>
    <fieldset style="width:250px;">
        <legend>單選項目</legend>
        <ul>
            <li><label><input type="radio" name="item" value="power"> 電源燈不
                亮 </label></li>
            <li><input type="radio" name="item" value="operation"> 操作問題 </li>
            <li><input type="radio" name="item" value="function"> 功能問題 </li>
            <li><input type="radio" name="item" value="quality"> 服務品質問題
                </li>
        </ul>
    </fieldset>

    <h3>滿意度：</h3>
    <fieldset style="width:250px;">
        <legend>單選項目</legend>
        <ul>
```

```
            <li><label><input type="radio" name="item" value="green"> 滿意
                </label></li>
            <li><input type="radio" name="item" value="lightgreen"> 普通 </li>
            <li><input type="radio" name="item" value="yellow"> 還可以 </li>
            <li><input type="radio" name="item" value="red"> 差 </li>
        </ul>
    </fieldset>

    <p>
        <input type="submit" value="確定新增">
        <input type="reset" value="重新設定">
    </p>

</body>
</html>
```

國家圖書館出版品預行編目資料

動態網頁設計／劉妘鐏作. -- 初版. -- 臺北
市：五南圖書出版股份有限公司，2023.05
面； 公分

ISBN 978-626-366-041-0(平裝)

1.CST: 網頁設計 2.CST: 全球資訊網

312.1695   112005895

5R62

動態網頁設計

作　　者 ― 劉妘鐏（345.7）

發 行 人 ― 楊榮川

總 經 理 ― 楊士清

總 編 輯 ― 楊秀麗

副總編輯 ― 王正華

責任編輯 ― 張維文

封面設計 ― 姚孝慈

出 版 者 ― 五南圖書出版股份有限公司

地　　址：106台北市大安區和平東路二段339號4樓

電　　話：(02)2705-5066　　傳　真：(02)2706-6100

網　　址：https://www.wunan.com.tw

電子郵件：wunan@wunan.com.tw

劃撥帳號：01068953

戶　　名：五南圖書出版股份有限公司

法律顧問　林勝安律師

出版日期　2023年 5 月初版一刷

定　　價　新臺幣480元

經典永恆・名著常在

五十週年的獻禮 —— 經典名著文庫

五南，五十年了，半個世紀，人生旅程的一大半，走過來了。

思索著，邁向百年的未來歷程，能為知識界、文化學術界作些什麼？

在速食文化的生態下，有什麼值得讓人雋永品味的？

歷代經典・當今名著，經過時間的洗禮，千錘百鍊，流傳至今，光芒耀人；

不僅使我們能領悟前人的智慧，同時也增深加廣我們思考的深度與視野。

我們決心投入巨資，有計畫的系統梳選，成立「經典名著文庫」，

希望收入古今中外思想性的、充滿睿智與獨見的經典、名著。

這是一項理想性的、永續性的巨大出版工程。

不在意讀者的眾寡，只考慮它的學術價值，力求完整展現先哲思想的軌跡；

為知識界開啟一片智慧之窗，營造一座百花綻放的世界文明公園，

任君遨遊、取菁吸蜜、嘉惠學子！